Séverine Tabone-Eglinger
Nathalie Théou-Anton

Étude de l'oncogène KIT dans les tumeurs stromales gastro-intestinales

Séverine Tabone-Eglinger
Nathalie Théou-Anton

Étude de l'oncogène KIT dans les tumeurs stromales gastro-intestinales

Du patient au modèle cellulaire

Presses Académiques Francophones

Impressum / Mentions légales
Bibliografische Information der Deutschen Nationalbibliothek: Die Deutsche Nationalbibliothek verzeichnet diese Publikation in der Deutschen Nationalbibliografie; detaillierte bibliografische Daten sind im Internet über http://dnb.d-nb.de abrufbar.
Alle in diesem Buch genannten Marken und Produktnamen unterliegen warenzeichen-, marken- oder patentrechtlichem Schutz bzw. sind Warenzeichen oder eingetragene Warenzeichen der jeweiligen Inhaber. Die Wiedergabe von Marken, Produktnamen, Gebrauchsnamen, Handelsnamen, Warenbezeichnungen u.s.w. in diesem Werk berechtigt auch ohne besondere Kennzeichnung nicht zu der Annahme, dass solche Namen im Sinne der Warenzeichen- und Markenschutzgesetzgebung als frei zu betrachten wären und daher von jedermann benutzt werden dürften.

Information bibliographique publiée par la Deutsche Nationalbibliothek: La Deutsche Nationalbibliothek inscrit cette publication à la Deutsche Nationalbibliografie; des données bibliographiques détaillées sont disponibles sur internet à l'adresse http://dnb.d-nb.de.
Toutes marques et noms de produits mentionnés dans ce livre demeurent sous la protection des marques, des marques déposées et des brevets, et sont des marques ou des marques déposées de leurs détenteurs respectifs. L'utilisation des marques, noms de produits, noms communs, noms commerciaux, descriptions de produits, etc, même sans qu'ils soient mentionnés de façon particulière dans ce livre ne signifie en aucune façon que ces noms peuvent être utilisés sans restriction à l'égard de la législation pour la protection des marques et des marques déposées et pourraient donc être utilisés par quiconque.

Coverbild / Photo de couverture: www.ingimage.com

Verlag / Editeur:
Presses Académiques Francophones
ist ein Imprint der / est une marque déposée de
OmniScriptum GmbH & Co. KG
Heinrich-Böcking-Str. 6-8, 66121 Saarbrücken, Deutschland / Allemagne
Email: info@presses-academiques.com

Herstellung: siehe letzte Seite /
Impression: voir la dernière page
ISBN: 978-3-8381-4814-4

Zugl. / Agréé par: Lyon, Université Claude Bernard, 2008

Copyright / Droit d'auteur © 2014 OmniScriptum GmbH & Co. KG
Alle Rechte vorbehalten. / Tous droits réservés. Saarbrücken 2014

TABLE DES MATIERES

LISTE DES FIGURES 4
LISTE DES TABLEAUX 5
LISTE DES ANNEXES 6

INTRODUCTION 7
1. LES TUMEURS STROMALES GASTRO-INTESTINALES 7
   1.1. EPIDEMIOLOGIE 9
   1.2. DIAGNOSTIC 10
      1.2.1. Clinique 10
      1.2.2. Anatomie pathologique 12
         1.2.2.1. Macroscopie 12
         1.2.2.2. Histologie 13
         1.2.2.3. Immunohistochimie 16
         1.2.2.4. Diagnostic différentiel 19
      1.2.3. Biologie moléculaire 21
         1.2.3.1. Quand et comment avoir recours à la Biologie moléculaire ? 21
         1.2.3.2. Mutations de *KIT* et de *PDGFRA* observées dans les GISTs sporadiques 22
   1.3. FACTEURS PRONOSTIQUES ET EVOLUTION DE LA MALADIE 25
      1.3.1. Critères cliniques 25
      1.3.2. Critères d'anatomie pathologique 26
      1.3.3. Caryotype 28
      1.3.4. Marqueurs moléculaires 30
      1.3.5. Mutations des gènes *KIT* et *PDGFRA* 33
         1.3.5.1. Mutations du gène *KIT* 33
         1.3.5.2. Mutations du gène *PDGFRA* 34
   1.4. SYNDROMES FAMILIAUX ET GISTs PEDIATRIQUES 35
      1.4.1. GISTs familiales 35
      1.4.2. Neurofibromatose de type I 36
      1.4.3. Triade de Carney 36
      1.4.4. Syndrome de Carney-Stratakis 37
      1.4.5. GISTs pédiatriques 37

- 2. PHYSIOPATHOLOGIE DES GISTs ... 38
  - 2.1. KIT, PDGFRA ET LA FAMILLE DES RTKs ... 38
    - 2.1.1. La famille des RTKs ... 38
    - 2.1.2. Le proto-oncogène *KIT* ... 39
      - 2.1.2.1. Fonction du récepteur ... 41
      - 2.1.2.2. Structure ... 41
      - 2.1.2.3. Le ligand : Stem Cell Factor ... 44
      - 2.1.2.4. Activation du récepteur ... 46
      - 2.1.2.5. Voies de signalisation intracellulaires ... 48
      - 2.1.2.6. Les systèmes de régulation négative ... 56
    - 2.1.3. Le proto-oncogène PDGFRA ... 60
  - 2.2. PATHOGENESE ... 64
    - 2.2.1. Rôle des mutations activatrices dans la physiopathologie des GISTs ... 64
      - 2.2.1.1. Importance dans la tumorigenèse des GISTs ... 64
      - 2.2.1.2. Effets spécifiques des mutations ... 65
      - 2.2.1.3. Mutations hétérozygotes et homozygotes ... 67
    - 2.2.2. Rôle des isoformes ... 67
    - 2.2.3. Voies de signalisation activées dans les GISTs ... 69
    - 2.2.4. Modification de la transcription de gènes cibles ... 72
      - 2.2.4.1. En fonction de paramètres clinico-phénotypiques ... 72
      - 2.2.4.2. Associées au génotype ... 72
    - 2.2.5. Autres altérations génomiques ... 73
      - 2.2.5.1. Anomalies chromosomiques ... 73
      - 2.2.5.2. Les protéines de régulation du cycle cellulaire ... 74
- 3. THERAPEUTIQUE ... 76
  - 3.1. HISTORIQUE DU DEVELOPPEMENT DE L'IMATINIB ... 76
  - 3.2. STRATEGIES DE TRAITEMENT ... 76
    - 3.2.1. Des GISTs localisées ... 76
    - 3.2.2. Des GISTs en phase avancée ... 77
    - 3.2.3. Prise en charge des patients sous imatinib ... 77
  - 3.3. L'IMATINIB ... 78
    - 3.3.1. Bases moléculaires – Pharmacologie ... 78
    - 3.3.2. Autres effets de l'imatinib ... 81

3.3.3.	Toxicité	82
3.3.4.	Quelles tumeurs répondent à l'imatinib ?	82
3.3.5.	Résistance	84
3.3.6.	Les essais en cours ou à venir	86
3.4.	AUTRES INHIBITEURS	88
3.4.1.	Sunitinib	88
3.4.2.	Les autres molécules en développement ou en essai clinique	88

TRAVAUX DE RECHERCHE 90

1. CONTEXTE DE L'ETUDE ET OBJECTIFS 90
2. ETUDE DES GISTs 91
   2.1. « Clinicopathologic, Phenotypic, and Genotypic Characteristics of Gastrointestinal Mesenchymal Tumors » (Article 1) 91
   2.2. "High expression of both mutant and wild-type alleles of c-kit in gastrointestinal stromal tumors" (Article 2) 94
   2.3. « KIT overexpression and amplification in gastrointestinal stromal tumors (GISTs) » (Article 3) 96
   2.4. « Co expression of SCF and KIT in gastrointestinal stromal tumours (GISTs) suggests an autocrine/paracrine mechanism » (Article 4) 100
   2.5. "GISTs with homozygous *KIT* exon 11 mutations" (Lettre à l'éditeur) 103
   2.6. Autres mécanismes de tumorigenèse des GISTs : étude des GISTs/NF1 104
3. MODELE CELLULAIRE 112
   3.1. Développement du modèle 112
   3.2. "*KIT* mutations induce intracellular retention and activation of an immature form of the KIT protein in Gastro-Intestinal Stromal Tumors (GISTs)" (Article 5) 114

CONCLUSIONS ET PERSPECTIVES 120

REFERENCES BIBLIOGRAPHIQUES 123

LISTE DES FIGURES

Figure 1 : Schéma paroi digestive. 12

Figure 2 : Aspect histologique des GISTs 15

Figure 3 : Fréquence des différents codons mutés dans l'exon 11. 23

Figure 4 : La famille des récepteurs à activité tyrosine kinase chez l'homme 39

Figure 5 : Schéma du récepteur KIT. 42

Figure 6 : Génération des isoformes de SCF 44

Figure 7 : Schéma de l'activation du récepteur KIT 47

Figure 8 : Modèle d'activation de KIT et rôle de l'auto-inhibition du domaine JM 48

Figure 9 : Voies de signalisation activées par KIT et leurs effets biologiques. 49

Figure 10 : Activation de la voie Ras-Raf-MAPK induite par KIT 51

Figure 11 : Activation de la voie des protéines kinases de la famille Src (SFK) induite par KIT.52

Figure 12 : Signalisation de la voie PI3K/AKT induite par KIT. 54

Figure 13 : Signalisation de la voie PLCγ dans l'exemple du PDGFR. 55

Figure 14 : Voie de dégradation du récepteur par cbl et ubiquitination. 57

Figure 15 : Schéma général de régulation des voies de signalisation du récepteur KIT 60

Figure 16 : Comparaison de l'organisation des exons des gènes *KIT* et *PDGFRA* 61

Figure 17 : Homologie des domaines juxtamembranaire et kinase II, entre *KIT* et *PDGFRA* ... 61

Figure 18 : Illustration schématique des différentes combinaisons de PDGF-PDGFR 62

Figure 19 : Principales voies de signalisation actives dans les GISTs 69

Figure 20 : La voie suppresseur de tumeur CDKN2A. 75

Figure 21 : Structure chimique de l'imatinib 78

Figure 22 : Mécanisme d'action de l'imatinib. 79

Figure 23 : KIT, imatinib et résistance 80

Figure 24 : Analyse des mutations de KIT en LAPP chez des patients atteints de MPNST. 107

Figure 25 : Recherche de perte d'hétérozygotie du locus *NF1* dans des MPNSTs 107

Figure 26 : Comparaison des voies de signalisation de MPNSTs, et de GIST, NF1 ou non. 109

LISTE DES TABLEAUX

Tableau 1 : Diagnostic différentiel des tumeurs pouvant ressembler aux GISTs. 20

Tableau 2 : Classification moléculaire des GISTs. 24

Tableau 3 : Consensus international pour l'estimation du potentiel de malignité des GISTs. 26

Tableau 4 : Survie à long terme des patients atteints de GISTs exprimant KIT 26

Tableau 5 : Guidelines for risk assessment of primary gastrointestinal stromal tumours 27

Tableau 6 : Primers utilisés pour étudier le polymorphisme du locus NF1 105

Tableau 7 : Anticorps pour le western blot de l'étude GISTs/NF1 106

LISTE DES ANNEXES

Article 1 : "Clinicopathologic, Phenotypic, and Genotypic Characteristics of Gastrointestinal Mesenchymal Tumors".. 176

Article 2 : "High expression of both mutant and wild-type alleles of c-kit in gastrointestinal stromal tumors" 185

Article 3 : "KIT overexpression and amplification in gastrointestinal stromal tumors (GISTs)" 192

Article 4 : "Co expression of SCF and KIT in gastrointestinal stromal tumours (GISTs) suggests an autocrine/paracrine mechanism" 200

Lettre à l'éditeur : "GISTs with homozygous KIT exon 11 mutations" 206

Article 5 : "KIT mutations induce intracellular retention and activation of an immature form of the KIT protein in Gastro-Intestinal Stromal Tumors (GISTs)" 208

INTRODUCTION

Les tumeurs stromales gastro-intestinales (GISTs) sont les tumeurs mésenchymateuses les plus fréquentes du tube digestif, mais ne représentent qu'une petite proportion des cancers en général (0,15 %). Ce qui en fait leur intérêt, c'est qu'elles sont emblématiques d'une nouvelle ère dans le traitement des cancers : les thérapies ciblées. Les GISTs, qui sont caractérisées par la présence de mutations activatrices du proto-oncogène KIT, ont en effet pu être traitées efficacement par l'imatinib, un inhibiteur spécifique de ce récepteur, alors qu'elle étaient considérées comme des tumeurs très résistantes aux chimiothérapies et radiothérapies conventionnelles. Dans l'histoire des thérapies ciblées, ce fut le premier exemple probant, le chef de file, qui inspira et inspire encore beaucoup d'autres laboratoires pharmaceutiques.

En 2002, malgré l'intensification des publications concernant les GISTs depuis la découverte du rôle du proto-oncogène *KIT* en 1998, l'épidémiologie des GISTs était encore très mal connue en France. Dans une première partie nous avons donc identifié les caractères cliniques, phénotypiques et génotypiques des patients atteints de GIST en France. Par la suite nous nous sommes intéressés à la biologie de ces tumeurs afin de mieux comprendre le rôle de KIT dans la tumorigenèse. Nous avons également recherché d'autres mécanismes qui pouvaient être à l'origine des GISTs lorsque ni *KIT*, ni *PDGFRA* (récepteur alternativement activé dans une petite proportion de GISTs) n'étaient mutés. Enfin, nous avons développé un modèle cellulaire qui nous permettait d'étudier fonctionnellement l'effet des mutations de *KIT* au niveau cellulaire.

1. LES TUMEURS STROMALES GASTRO-INTESTINALES

Les GISTs ont été probablement les tumeurs parmi les plus controversées au regard de leur origine cellulaire, leur différenciation et leur nomenclature.

A l'origine, les GISTs ont longtemps été considérées comme des tumeurs des muscles lisses (léiomyomes, léiomyosarcomes, ou léiomyoblastomes) ou comme des tumeurs des gaines nerveuses (schwannomes), sur des critères histomorphologiques. Cependant, avec l'arrivée de la microscopie électronique à la fin des années 1960, ainsi que l'utilisation de l'immunohistochimie, il devenait évident que ces tumeurs n'avaient en fait les caractéristiques ultrastructurales, ni des cellules musculaires, ni des cellules de Schwann. L'expression de marqueurs musculaires (actine, desmine) était en effet beaucoup plus variable que ce qu'on pouvait observer dans les autres tumeurs des muscles lisses, tandis que certaines de ces tumeurs mésenchymateuses gastro-intestinales étaient positives pour des marqueurs de la crête neurale (S100, l'énolase neurone-spécifique et PGP9.5) (14; 16; 143). C'est ainsi qu'en 1983, Mazur et Clark introduisirent pour la première fois le terme de tumeur stromale gastro-intestinale qui désignait des tumeurs gastriques à cellules fusiformes, indifférenciées (318). Cependant, cette appellation ne fut largement adoptée qu'au début des années 1990, lorsqu'il a été montré que la majorité de ces tumeurs étaient positive pour CD34, un marqueur de cellules stromales (342; 522). Finalement, les tumeurs stromales gastro-intestinales ou GISTs sont devenues une entité nosologique à part entière depuis la découverte en 1998 d'un nouveau marqueur, le récepteur KIT (CD117). KIT s'est en effet révélé être un marqueur à la fois sensible et spécifique, ainsi qu'une piste essentielle dans la compréhension de la pathogénie de ces tumeurs (194; 448). Ce n'est que plusieurs années après que le rôle du PDGFRA (platelet-derived growth factor receptor alpha) dans la tumorigenèse des GISTs a été découvert (183).

Les tumeurs mésenchymateuses, dont les GISTs font parties, sont issues des tissus non épithéliaux de l'organisme (encore appelés tissus conjonctifs) à l'exclusion des viscères, du tissu hémo-lymphatique, du système mélanocytaire et du système nerveux central. Elles sont donc représentées par les muscles lisses et striés, le tissu adipeux, les tissus fibreux, les vaisseaux et le système nerveux périphérique. Actuellement, la majorité des tumeurs mésenchymateuses développées à partir du tractus digestif correspondent aux GISTs, mais elles ont eu des terminologies variables : tumeurs des cellules pacemaker (GIPACT), tumeur à fibres skénoïdes, tumeur autonome nerveuse gastro-intestinale (GANT), tumeur des cellules interstitielles de Cajal (ICCT) (14; 243; 318; 330; 338; 342; 349; 448).

La localisation et les caractéristiques morphologiques et immunohistochimiques (CD117) de ces tumeurs suggèrent que les GISTs dériveraient des cellules de Cajal, des cellules responsables du péristaltisme du tube digestif (243) ou de leurs précurseurs (443; 468). Les cellules de Cajal, comme les cellules musculaires lisses, auraient comme origine commune les précurseurs des cellules mésenchymateuses intestinales ; l'acquisition de CD117 étant nécessaire à la différenciation en cellules de Cajal (282; 306; 421; 540; 575). Ceci expliquerait la ressemblance entre les GISTs et tumeurs des muscles lisses tels que les léiomyosarcomes, ainsi que l'apparition de GISTs hors du tractus digestif (péritoine, mésentère), où les cellules de Cajal ne sont pas normalement trouvées (338).

1.1. EPIDEMIOLOGIE

Les GISTs sont les tumeurs mésenchymateuses les plus fréquentes du tube digestif (80 %) et représentent 20 à 30 % des sarcomes des tissus mous (334). Plus largement, les GISTs représentent approximativement 2,2 % des cancers de l'estomac, 13,9 % des tumeurs de l'intestin grêle, et 0,1 % des cancers du colon (82).

Les divergences antérieures, concernant la reconnaissance des GISTs comme une entité, et leur diagnostic différentiel, ont rendue difficile la détermination de leur incidence. Ainsi, alors qu'un programme de surveillance du National Cancer Institute (NCI) rapportait 500 à 600 nouveaux cas par an aux Etats-Unis en 1995, on estime aujourd'hui que la réalité se situerait plutôt entre 4000 à 6000 cas par an (432). En France, l'étude épidémiologique la plus récente (PROGIST) rapporte une incidence de 535 nouveaux cas en 2005, soit une incidence annuelle estimée à 12 cas /million d'habitants (348). Les auteurs pensent cependant que le nombre de GISTs calculé dans cette étude reste sous-estimé car tous les laboratoires d'anatomo-pathologie n'ont pu y participer.

D'autre part, peu d'études épidémiologiques de grande envergure ont été conduites pour estimer l'incidence et la prévalence des GISTs. La plus grande étude rétrospective effectuée à ce jour estime l'incidence des GISTs à haut risque de rechute à 6,8 cas par million (511), mais d'autres études rapportent des taux supérieurs en associant à la fois l'ensemble des GISTs (434; 514). La plus haute incidence, de 14,5 cas par million, est rapportée par des investigateurs suédois, qui ont repris les diagnostics d'une série de sarcomes abdominaux sur la base de l'expression de KIT en immunohistochimie (363).

En fait, on observe au fur et à mesure des années, une forte augmentation dans l'estimation de l'incidence des GISTs (159). Celle-ci peut s'expliquer par l'apport du marquage de KIT pour le diagnostic et par l'intérêt croissant qu'on leur porte. De plus, ce sont des tumeurs d'évolution insidieuse et asymptomatique que l'on détecte mieux aujourd'hui (446).

Enfin, plusieurs études récentes rapportent une grande incidence de « mini GISTs » de taille inférieure à 10 mm, asymptomatiques, et qui ne sont généralement non diagnostiquées ou de manière fortuite (1; 2; 236; 447). Leur fréquence, calculée après analyse détaillée de biopsies de cancers gastriques (35 %) (236), de carcinomes oesophagiens (10%) (1) ou même sur des estomacs à priori non cancéreux (22,5 % des autopsies de patients de plus de 50 ans (2) et 0,8% des pièces chirurgicales de patients obèses subissant une réduction gastrique (447)), contraste avec la faible fréquence de GISTs classiquement diagnostiquées dans la population générale. Ces petites tumeurs positives pour KIT et CD34, présentant parfois des mutations de *KIT* ou *PDGFRA*, sont considérées comme des lésions prénéoplasiques qui régresseraient pour la plupart ou nécessiteraient un évènement supplémentaire pour se transformer en véritables GISTs (2; 236). Elles semblent d'ailleurs particulièrement rapportées chez des patients ayant des prédispositions génétiques aux GISTs, telles que la Neurofibromatose de type I (9; 538) et la triade de Carney (392).

1.2. DIAGNOSTIC

1.2.1. Clinique

Bien que des GISTs soient rapportées à tout âge, la plupart des patients ont entre 40 et 80 ans au moment du diagnostic, avec une médiane de 60 ans environ (160). Elles sont très rares chez les enfants (329).

Certaines études ont décrit une prédominance masculine avec un sex-ratio homme/femme variant de 1,5 à 2 selon la localisation, tandis que d'autres ne retrouvent pas de différence de répartition homme-femme (334).

Ces tumeurs peuvent se développer principalement au niveau des différents segments du tube digestif. Environ 60 à 70 % des GISTs surviennent au niveau de l'estomac, 20 à 30 % au niveau de l'intestin grêle, 5 % touchent le colon ou le rectum et un peu moins de 5 % sont localisées dans l'œsophage (103; 523). D'autres localisations beaucoup plus inhabituelles sont observées (voir pour revue (247) : l'appendice, l'omentum et le mésentère, la vésicule biliaire, la tête du pancréas, le foie et le rétropéritoine. Elles sont le plus souvent uniques, mais peuvent être multifocales dans moins de 5 % des cas (411).

La présentation clinique dépend de la taille et du site de la tumeur (160). Concernant la taille, une étude de population a démontré que 70 % des GISTs étaient associées à des symptômes,

20 % ne l'étaient pas, et 10 % étaient détectées à l'autopsie ; la taille tumorale médiane étant respectivement de 8,9 cm, 2,7 cm et 3,4 cm (363). De plus, comme on l'a vu dans le chapitre précédent (chap. 1.1), de petits GISTs asymptomatiques, généralement de moins de 1 cm de diamètre, pouvant être découvertes fortuitement, auraient une fréquence beaucoup plus importante, et seule une petite proportion se transformerait en véritable GIST. Au contraire, les lésions les plus larges rapportées avaient jusqu'à 44 cm de diamètre (340). Les symptômes sont liés à l'effet de masse tumorale ou les saignements. Les GISTs peuvent croître de façon importante avant de produire des symptômes, déplaçant les organes adjacents sans les envahir. Les tumeurs de relativement grande taille peuvent causer un vague inconfort abdominal, des douleurs, des gonflements intestinaux, une perte d'appétit et une augmentation de la circonférence abdominale (338). Lorsqu'il y a ulcération avec passage dans la lumière intestinale, on peut observer une hémorragie ou une anémie, si l'hémorragie est invisible. Au niveau de la localisation, les lésions de l'œsophage induisent des dysphagies (339), tandis que les formes intestinales peuvent causer une obstruction, une perforation, des saignements, ou un transit intestinal altéré (329). Enfin, les GISTs de très grande taille présentent des masses intra-abdominales palpables et sont souvent associées à un plus grand risque de rechute (voir chapitre facteurs pronostiques) (338). Certains patients peuvent également présenter des métastases hépatiques.

L'examen clinique d'un patient suspecté de GIST doit inclure l'historique de la maladie, un examen physique, des tests de la fonction hépatique, une numération et formule sanguine, un bilan chirurgical une imagerie appropriée et une endoscopie (si masse gastrique).
L'imagerie par résonance magnétique (IRM) et le scanner sont utilisés pour évaluer l'extension de la tumeur. Une tumeur primitive est généralement bien circonscrite et apparaît comme une masse hautement vascularisée très proche de l'estomac ou de l'intestin. L'aspect de la masse tumorale elle-même est souvent hétérogène du fait de zones nécrotiques et hémorragiques ; elle apparaît comme une zone hyperdense au scanner. La tomographie par émission de positron (PET), qui est hautement sensible mais peu spécifique d'une GIST, est plutôt utilisée pour le suivi de la réponse au traitement (160). L'endoscopie peut être utile pour le diagnostic des GISTs gastriques ou colorectales, qui apparaissent comme une masse sous-muqueuse (160).
Enfin, les biopsies percutanées sont rarement utilisées pour des tumeurs primaires résécables, car elle peuvent provoquer une rupture tumorale et ainsi conduire à une dissémination ou une hémorragie (160).

1.2.2. Anatomie pathologique

La disponibilité de tests diagnostiques spécifiques et de thérapies ciblées efficaces a augmentée, alors que la liste des diagnostics différentiels des GISTs s'allonge. Or établir un diagnostic correct est essentiel, aussi bien pour le pronostic que pour l'administration du bon traitement.

1.2.2.1. Macroscopie

Du pharynx au canal anal, la structure de la paroi digestive obéit à un schéma de base (voir **Figure 1**) formé de cinq couches, à partir duquel chaque segment acquiert ses propres caractéristiques.

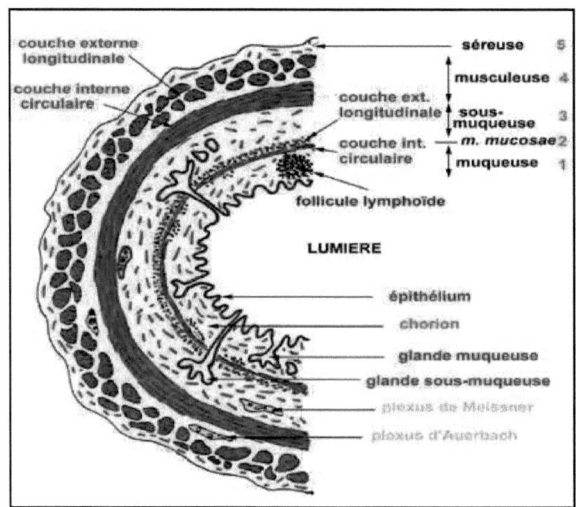

Figure 1 : Schéma paroi digestive.
(http://spiral.univLyon1.fr/polycops/HistologieFonctionnelleOrganes/AppareilDigestif/TexteP3.html.)

L'aspect macroscopique est relativement constant et souvent d'emblée évocateur (22). La tumeur est généralement bien circonscrite, nodulaire et non encapsulée. Elle est de taille variable se développant à partir de la musculeuse, refoulant la muqueuse digestive sans forcement l'envahir. Son développement peut être sous-muqueux, sous-séreux ou intra-mural. Les grandes tumeurs intra-murales peuvent traverser jusque dans la lumière du tube digestif en soulevant la muqueuse qui s'ulcère dans 20 à 30 % des cas. Les tumeurs séreuses au contraire se développent principalement hors du tractus digestif avec des extensions directes dans le pancréas ou le foie pouvant cacher son origine gastro-intestinale.

Sa taille varie de quelques millimètres à plus de 40 cm ; elle est en moyenne inférieure à 5 cm. Alors que les tumeurs de petite taille sont habituellement homogènes, les GISTs volumineuses associent souvent des remaniements nécrotiques (au centre avec seulement une bande résiduelle de tissu viable à la périphérie), hémorragiques, voire pseudo-kystiques. Des masses cystiques complexes et des prolongements péritonéaux multi nodulaires sont caractéristiques des GISTs à haut risque de rechute (382). A la coupe, la lésion est généralement blanchâtre, ferme et fasciculée ou encéphaloïde, parfois myxoïde (aspect paucicellulaire et œdémateux) et variablement fibreuse à charnue.

1.2.2.2. Histologie

Voir pour Revue : (87; 89; 247)

Trois types cellulaires sont observés dans des proportions variables d'une GIST à l'autre (Figure 2) : les cellules fusiformes d'allure conjonctive (70 %), les cellules épithélioïdes arrondies d'allure épithéliale (20 %) ou mixte (10 %) (141; 568). Les tumeurs composées majoritairement de cellules épithélioïdes (Figure 2 A, C). sont plus fréquemment observées au niveau de l'estomac (60 %) et de l'épiploon (67 %), qu'au niveau de l'intestin grêle (33 %) ou du côlon (10 %) (568). Les tumeurs de siège oesophagien, colique et rectal sont, au contraire, habituellement de type fusiforme (87).

En fait, ces tumeurs peuvent prendre des aspects histologiques assez variables. D'une manière générale, la cellularité peut être modérée, marquée ou basse. Les cellules sont généralement arrangées en paquets ou en faisceaux, ou dont le stroma est variablement myxoïde à collagénisé sous formes de fibres skénoïdes (structures éosinophiles brillantes hyalines ou fibrillaires) très spécifiques du diagnostic (notamment dans les localisations intestinales) (Figure 2 D). Le plus souvent les noyaux sont disposés en palissade, et présentent des petites vacuoles nucléaires.

Les cellules fusiformes se disposent avec une architecture le plus souvent fasciculée, évoquant une prolifération musculaire lisse (Figure 2 E). Plus rarement les cellules fusiformes peuvent être alignés en palissade (Figure 2 F) et présenter une dégénération stromale (Figure 2 G), faisant évoquer un Schwannome. Les cellules fusiformes ont un noyau ovalaire court, un cytoplasme éosinophile et présentent fréquemment des pseudo-vacuolisations (Figure 2 H).

Le stroma tumoral est généralement très peu abondant, constitué de capillaires sanguin. Les autres variantes histologiques sont plus rares, avec des variantes mixtes (fusiformes et épithélioïdes avec transition progressive ou marquée pouvant alors ressembler à un adénocarcinome ou à une tumeur endothéliale), ou des aspects devant faire discuter d'autres diagnostics : formes myxoïde dans 5 % des cas environ, formes neuroendocrines-like (de type paragangliome ou carcinoïde) (Figure 2 B), formes pléiomorphes (cellules de grande taille et noyau très volumineux de forme irrégulière et à chromatine nucléolée) (Figure 2 C). De rares GISTs ont un infiltrat lymphocytaire marqué (461). Enfin, atypies nucléaires et multinucléations sont plus communes chez le type épithélioïde et sont associées à des caractères malins. Des calcifications dystrophiques sont parfois observées.

Devant ces différents aspects que peuvent prendre les tumeurs, se présente un large panel de diagnostics différentiels, d'où la nécessité de faire appel à l'immunohistochimie pour vérifier le diagnostic.

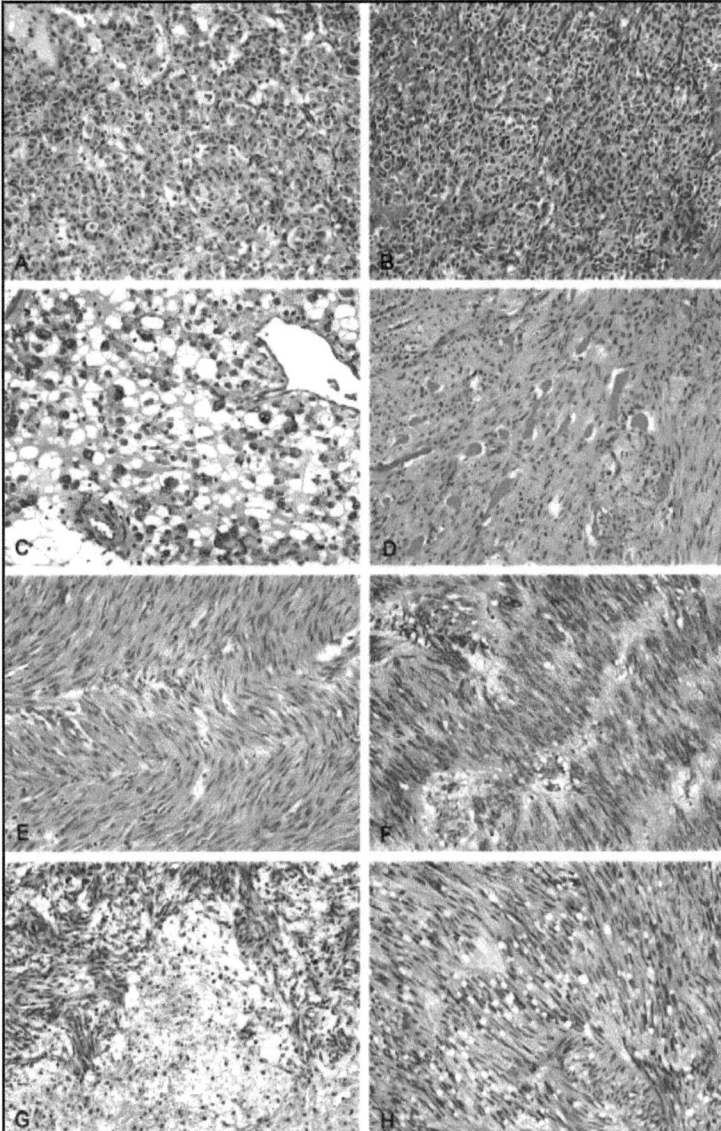

Figure 2 : Aspect histologique des GISTs (382).

(A) cellules de morphologie épithélioïde d'une GIST gastrique, (B) profil de croissance paragangliomateux d'une GIST de l'intestin grêle, (C) morphologie épithélioïde avec pléomorphisme marqué d'une GIST gastrique, (D) fibres skénoïdes d'une GIST de l'intestin grêle, (E) arrangement fasciculé de cellules fusiforme d'une GIST de l'intestin grêle, (F) noyaux en palissade marqués d'une GIST de l'estomac, (G) dégénération stromale d'une GIST de l'estomac, et (H) vacuoles périnucléaires marquées d'une GIST de l'estomac.

1.2.2.3. Immunohistochimie

1.2.2.3.1. Le marqueur CD117

Le marqueur considéré actuellement comme le marqueur le plus spécifique pour le diagnostic de routine des GISTs est le CD117 ou KIT (448).

En effet, 95 % des GISTs expriment CD117 en immunohistochimie. Actuellement, les recommandations du groupe francophone, adoptant ou complétant celles du consensus de l'ESMO (European society for Medical Oncology), précisent les modalités du protocole immunohistochimique. Elles préconisent l'utilisation de l'anticorps polyclonal A4502 (551) au 1/50 sans restauration antigénique ou au 1/300 après restauration antigénique (tampon citrate pH 6) (87). Cette standardisation du protocole est un point important de la sensibilité et de la spécificité du marquage immunohistochimique. Il n'y a pas de consensus sur le nombre de cellules KIT positives pour l'établissement d'un immunomarquage positif. Néanmoins, une positivité focale inférieure à 10 % doit faire porter le diagnostic de GIST avec la plus grande prudence (87). Le marquage est en général intense et diffus ; il peut être cytoplasmique (le plus souvent) et/ou membranaire, et présente aussi assez souvent un marquage paranucléaire en dot ou « Golgi-like » (335; 340). Les GISTs épithélioïdes montrent souvent un marquage moins uniforme et même parfois de très faible intensité (333).

Environ 5 % des GIST suspectées histologiquement ou cliniquement sont KIT négatives. Il faut en premier lieu éliminer un faux négatif, lié à un problème technique ou d'échantillonnage. Les cellules peuvent également avoir perdu l'expression cellulaire de la protéine au cours de l'évolution métastatique de la maladie, ou au décours d'un traitement par imatinib (389). La négativité des cellules tumorales ne peut être affirmée que s'il existe un témoin interne positif (mastocytes, cellules interstitielles de Cajal). Les autres marqueurs immunohistochimiques permettent généralement de faire le diagnostic différentiel, mais pour affirmer formellement un diagnostic de GIST KIT négative, il est actuellement recommandé de rechercher une mutation des gènes *KIT* et *PDGFRA* (321; 547). Toutefois, les analyses moléculaires étant consommatrices de temps et d'argent, et le PDGFRA étant exprimé dans la plupart des cas KIT négatifs, des essais ont été réalisés pour ajouter PDGFRA aux panels de marqueurs immunohistochimiques. Mais ces derniers ont été le plus souvent confrontés à des problèmes de qualité et de reproductibilité (321; 427). D'autre études se sont attachées à identifier les caractères morphologiques spécifiques aux GISTs *PDGFRA* mutées : l'aspect épithélioïde ou mixte, et l'infiltration de mastocytes semblent être les plus fiables (98).

D'autre part, des problèmes de fausse positivité on été rapportés. Ceux-ci sont généralement liés au choix de l'anticorps (441), ou du protocole de marquage comme la restauration antigénique et les dilutions de l'anticorps (89; 200; 201; 331; 334). Ces faux positifs sont ainsi à l'origine de mauvaises interprétations concernant les caractéristiques immunohistochimiques d'autres types tumoraux, tels que les fibromatoses mésentériques (302), les synovialosarcomes, les léiomyosarcomes et les histiocytomes fibreux malins (200; 341; 440).

Notons que, comme tout marquage immunohistochimique, la seule positivité de KIT n'est pas suffisante pour diagnostiquer une GIST, mais doit toujours être interprétée à la lumière des caractéristiques morphologiques.

1.2.2.3.2. Les autres marqueurs

Les autres marqueurs réalisés en routine pour compléter le diagnostic (et recommandés par les groupes francophones et européens selon (121)) sont (89; 227; 247; 334; 377; 430; 449) :

- le **CD34**, qui est une glycoprotéine transmembranaire également observée sur les progéniteurs et cellules souches hématopoïétiques, ainsi que sur les cellules endothéliales, est exprimée dans 60 à 70 % des GISTs. Le marquage, qui est généralement diffus, varie de 47 % au niveau de l'intestin grêle, à 96 à 100 % au niveau du rectum et de l'œsophage (141).
- la **SMA** (smooth muscle actin), typiquement présente dans les cellules, normales ou cancéreuses, du muscle lisse ainsi que dans certains myofibroblastes (144), est exprimée de manière focale dans 30 à 40 % des GISTs. L'expression de la SMA est plus fréquente dans les GISTs de l'intestin grêle (47 %) et rarement dans ceux du rectum et de l'œsophage (10-13 %) (141).
- la protéine **S-100**, marqueur des cellules neuronales (Schwann) est observée dans 5 à 10 % des GISTs. Le marquage est nucléaire et cytoplasmique et est plus fréquent au niveau des GISTs de l'intestin grêle (15 %) (341).

D'autres ont été décrits et sont parfois utilisés :

- la **h-caldesmon**, protéine du cytosquelette liant l'actine, également exprimée dans les vraies tumeurs du muscle lisse (336). Elle est plus souvent positive dans les GISTs que la SMA (80 % des cas) (87).

- la **nestine** (80 à 100 %). Non spécifique, elle est également exprimée dans les schwannomes gastro-intestinaux, les mélanomes et les rhabdomyosarcomes (334).
- **Bcl2** est fréquemment exprimée chez les GISTs de morphologie épithélioïde ou mixte (479; 513)
- la **vimentine** est exprimée dans 100 % des cas mais n'est pas spécifique (268).
- les **cytokératines CK18** (327; 328), et **CK8** (333) sont occasionnellement exprimées.
- la **desmine**, protéine des filaments intermédiaires typique du muscle (lisse, cardiaque ou squelettique), est marquée dans 1 à 2 % des GISTs (141).

1.2.2.3.3. Les nouveaux marqueurs

De nouveaux marqueurs spécifiques issus de la recherche moléculaire ont été étudiés et pourraient aussi, dans les années à venir, servir comme marqueur des GISTs en routine. Tous ont un intérêt dans le diagnostic différentiel des GISTs, notamment pour les tumeurs mésenchymateuses n'exprimant pas KIT :

- **DOG1** (discovered on GIST-1) ou TMEM16A (transmembrane protein 16A), est fortement exprimée à la surface des cellules des GISTs (97,8 %) quelque soit le statut mutationnel de *KIT* ou de *PDGFRA* et est rarement exprimé dans les autres tumeurs des tissus mous (0,01 %) (552).
- **PKCθ** (Protein kinase C θ), qui est une protéine de signalisation intracellulaire induite par l'activation de KIT et PDGFRA, est fortement exprimée dans les GISTs mais pas dans les léiomyosarcomes ou dans les autres tumeurs histologiquement proches des GISTs (124). Cette forte expression a d'ailleurs été confirmée par d'autres équipes (41; 352).
- **Thy-1** (375), **WT-1** et la **calrétinine** sont aussi des marqueurs de GIST avec un intérêt dans les cas KIT négatifs (518).
- Enfin, la molécule d'adhésion **L1** (ou CD171) est hautement exprimée dans les GISTs et pourrait servir comme marqueur tumoral permettant de faire le diagnostic différentiel avec les tumeurs des muscles lisses et les fibromatoses agressives. Elle présenterait l'avantage supplémentaire de pouvoir être détectée dans le sérum des patients (227).

1.2.2.4. Diagnostic différentiel

Les GISTs peuvent représenter un vrai challenge diagnostique pour les anatomo-pathologistes. En effet, il n'est pas rare d'observer des GISTs à la morphologie, à la localisation, ou à la présentation clinique inhabituelle. Parallèlement, des tumeurs qui ressemblent initialement aux GISTs, ne s'avèrent être finalement que des imitations. Le succès de l'imatinib pour traiter les GISTs a rendu ainsi l'établissement d'un diagnostic précis et sélectif encore plus nécessaire pour ne pas confondre ces tumeurs (Tableau 1).

Heureusement, seuls moins de 20 % des tumeurs mésenchymateuses digestives KIT négatives ne sont pas des GISTs. Parmi elles on trouve principalement des tumeurs du muscle lisse (léiomyomes et léiomyosarcomes) (10-15 %) et des schwannomes (5 %). Mais ce sont les fibromatoses et les léiomyosarcomes qui sont peut-être les tumeurs les plus fréquemment confondues avec les GISTs (89; 222). Pour être complet, le reste du diagnostique différentiel inclus : les tumeurs fibreuses solitaires, les tumeurs myofibroblastiques inflammatoires, les fibromatoses agressives (ou T. desmoïdes), les synovialosarcomes, les tumeurs granulomateuses, les tumeurs neuroendocrines, les tumeurs glomiques de l'estomac, les mésothéliomes malins, angiosarcomes et carcinomes sarcomateux (141; 338; 341).

D'autre part, l'expression de KIT n'est pas limitée aux GISTs, mais a été aussi décrite dans : le sarcome d'Ewing, les angiosarcomes, le mélanome, le cancer du poumon à petites cellules, le carcinome ovarien, les carcinomes adénoïdes kystiques salivaires, certains lymphomes, la leucémie aiguë myéloïde, le séminome, le neuroblastome et le mastocytome. Cependant leur histologie les distinguent généralement des GISTs (110; 243; 321; 338; 342; 349; 448).

Enfin, notons que, avec l'avènement des techniques de puces (ADN, CGH), de nombreuses études ont essayé de classifier les GISTs et d'autres tumeurs histologiquement similaires (324; 405). Price et al proposent ainsi d'analyser un set de 2 gènes, suffisamment discriminants pour différentier GISTs et léiomyosarcomes : *C9orf65* (fonction inconnue), et *OBSCN* (obscurine ; médiateur entre réticulum sarcoplasmique et myofibrilles) (405). Autrefois réservées à la recherche de pointe, ces techniques deviennent accessibles à la recherche de transfert. Récemment, Meza-Zepeda a proposé la technique de CGH (comparative genomic hybridization) array pour différencier les GISTs des léiomyosarcomes, qui ont l'avantage de ne nécessiter que peu de matériel de départ (comme les prélèvements obtenus par micro-biopsies) (324).

Diagnostic entity	Favored site	Histology	KIT	CD34	Desmin	SMA	S100	BCL2	Other
GIST	See text	See text	++	++	+/-	+/-	+/-	++	
Solitary fibrous tumor	Intra-abdominal	Haphazard pattern, collagenous background, focal hemangiopericytomatous vasculature	+/-	++	+/-	+/-	+/-	++	
Inflammatory myofibroblastic tumor	Intra-abdominal	Loosely arranged spindle cells, scattered RBCs, lymphocytes, plasma cells	+/-	+/-	+	++	+/-	+	
Fibromatosis	Intra-abdominal	Sweeping fascicles, collagenous background, low cellularity	+/-	+/-	+	++	+/-	+/-	β-catenin
PECome	Intra-abdominal	Nests of epithelioid to spindle cells, rich capillary vasculature, clear to eosinophilic granular cytoplasm, small nucleoli	+	+/-	+	++	+/-		HMB45 Melan-A
Schwannoma	None	Cellular and hypocellular areas, nuclear palisading, hyalinized vessel walls	+/-	+	+/-	+/-	++	++	
Smooth muscle tumors	Esophagus, Rectum	Fascicles interlacing at right angles, bright eosinophilic cytoplasm, cigar shaped nuclei	+/-	+/-	++	++	+/-	+	
Melanoma	None	Variably nested, epithelioid to spindled, prominent nucleoli	+	+/-	+/-	+/-	++	++	HMB45 Melan-A
Granular cell tumor	Esophagus, cecum	Epithelioid to spindled, granular eosinophilic PASD +ve cytoplasm	+/-	+/-	+/-	+/-	++		
Glomus tumor	Stomach	Perivascular cuffs of epithelioid cells, bland cytology	+/-	+/-	+/-	++	+/-		

Tableau 1 : Diagnostic différentiel des tumeurs pouvant ressembler aux GISTs (382).

Immunopositivité :   ++ deux-tiers   + un- à deux-tiers   +/- un-tiers.

1.2.3. Biologie moléculaire

1.2.3.1. Quand et comment avoir recours à la Biologie moléculaire ?

En pratique courante, le diagnostic de GIST, de plus en plus souvent évoqué par le radiologue ou le chirurgien, est confirmé facilement par l'histologie et l'immunohistochimie avec un panel de 3 ou 4 anticorps (KIT, CD34, PS100, +/- h-Caldesmone). Toutefois dans certains cas, comme pour le diagnostic des tumeurs intra-abdominales suspectées d'être des GISTs mais n'exprimant pas KIT en immunohistochimie, il est nécessaire d'avoir recours à la biologie moléculaire pour mettre en évidence une mutation spécifique de *KIT* ou *PDGFRA* (39). En effet, près de 90 % de ces GISTs KIT négatives présentent des mutations soit du *PDGFRA* (35 à 80 %) (183; 197; 321), soit de *KIT* (15 à 20 %) (89; 321; 430). C'est encore actuellement la seule indication d'analyse moléculaire recommandée en routine par les groupes d'experts français et européens. Elle doit être pratiquée au sein de laboratoires spécialisés. Dans les autres cas, y compris pour la prédiction de la réponse au traitement, cette technique reste actuellement une procédure de recherche dans le cadre de projets ou de protocoles thérapeutiques (39).

La recherche de mutation est pratiquée de manière optimale à partir de l'ADN extrait de tissus congelés, mais est également possible à partir de tissus fixés et inclus en paraffine. Pour cette raison, la fixation en Bouin doit désormais être proscrite (39). Un contrôle histologique de l'échantillon est nécessaire avant l'extraction des acides nucléiques. Jusqu'à présent, plusieurs techniques ont été utilisées pour détecter et identifier les mutations *KIT* ou *PDGFRA*. En général, on associe une étape de screening, telles que la LAPP (Length Analysis of PCR Products) (132) ou la DHPLC (Denaturing High Performance Liquid Chromatography) (183; 323) suivie d'une étape de séquençage direct. La LAPP est une technique d'analyse de taille de fragments grâce à la migration en électrophorèse capillaire de marqueurs de taille et des produits de PCR. Elle permet ainsi de visualiser très rapidement la présence de délétions ainsi que leur taille à la base près. La DHPLC au contraire, repose sur le mésappariement des brins sauvages et mutés. Après dénaturation des 2 brins d'ADN, puis réappariement, on fait varier progressivement la température d'une colonne HPLC pour séparer à nouveau les brins. La séparation s'effectuera à des temps différents selon la présence ou non de mutations et les produits obtenus sont facilement identifiables après élution par une détection UV.

Des solutions techniques ont été testées pour améliorer la détection des tissus fixés et inclus en paraffine, qui restent malgré tout le matériel tumoral le plus disponible. La dégradation de l'ADN étant d'autant plus importante que la séquence amplifiée est longue, les duplications de séquences notamment auraient tendance à être sous-estimées. Ce problème pourrait être contourné en associant l'amplification de séquence plus courtes et de DHPLC (280). Autre amélioration technologique : l'analyse moléculaire sur ponction obtenue à l'aiguille fine sous contrôle écho-endoscopique, permet un diagnostic préopératoire adaptable en routine et de faible coût (163).

1.2.3.2. Mutations de *KIT* et de *PDGFRA* observées dans les GISTs sporadiques

La quasi-totalité des GISTs présentent des mutations soit de *KIT* (75-80 %), soit de *PDGFRA* (5-10%). Les mutations de ces deux gènes sont mutuellement exclusives. Elles sont généralement hétérozygotes et de nature très variable dans leur localisation et leur type (délétion, insertion, substitution). Les plus fréquentes sont localisées sur les exons 11 et 9 de *KIT* et 18 de *PDGFRA* (Tableau 2).

- ***KIT* exon 11**

Les mutations de l'exon 11 de *KIT* sont les plus fréquentes (67 %) (432) ; c'est sans doute la raison pour laquelle ce sont les premières à avoir été décrites dans les GISTs (194). Et c'est avec leur découverte qu'a débuté la compréhension de la pathogénie des GISTs.
Dans la littérature, on rapporte en fait des fréquences qui varient de 20 à 92 % (89; 134; 136; 194; 271; 273; 292; 340; 433; 494). Cette grande variabilité a été attribuée au type d'échantillons étudiés (les prélèvements congelés sont de meilleure qualité que ceux fixés et inclus en paraffine qui eux-mêmes dépendent du type de fixation) et à la technique d'analyse utilisée (la DHPLC associée au séquençage direct serait la méthode la plus sensible) (89). On peut noter aussi l'importance du choix des primers, qui ne doivent pas être placés trop près des extrémités des exons. En effet plus de 3 % des mutations de l'exon 11, sont des délétions à cheval sur l'intron 10 et l'exon 11 (91; 132).
La plupart des mutations sont localisées entre les codons 556 et 560 avec des délétions ou des insertions touchant particulièrement les codons 557 à 559 et des mutations ponctuelles affectant de préférence les codons 559 et 560 (90; 91; 134; 182; 271; 272; 275; 315; 340; 433; 494; 509; 543). Des duplications en tandem sont également retrouvées à l'extrémité de l'exon (codons 576-580) (272) (Figure 3).

Récemment, un nouveau type de mutation a été identifié ; il s'agit de remaniements assez complexes associant à la fois des délétions et des insertions de séquences inversées, et intervenant au niveau 5' de l'exon. Les auteurs ont observé ces types de mutations dans 3 cas parmi une série de 700 patients mutés sur l'exon 11 et estiment ainsi une fréquence inférieure à 0,5 % (277).

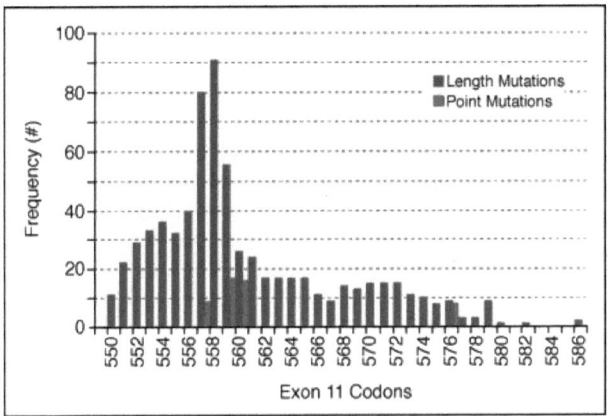

Figure 3 : Fréquence des différents codons mutés dans l'exon 11.
calculée à partir d'une série de 322 patients (89).

- ***KIT* exon 9**

Ces mutations sont le deuxième type le plus fréquemment observé dans les GISTs (10 %) (432), mais là encore sont décrits entre 5 et 18 % des cas selon les séries (12; 89; 90; 107; 134; 182; 195; 241; 275; 303; 445; 557; 564). Elles sont représentées principalement par des duplications-insertions touchant surtout les codons 502-503 et sont associées à une localisation au niveau de l'intestin grêle et à un phénotype plus agressif (89; 90).

Ont été également identifiées : FAF506-508 duplication/insertion, P456S (182; 303; 406) et une délétion de 12 acides aminés associée à une insertion 6 acides aminés touchant les codons 491 à 503 de la protéine normale (203).

- ***KIT* exon 13**

Il s'agit principalement d'un type de mutation (codon 642) rare (1 % selon (432) ; 0,8 à 4,1 % des cas selon les séries) et associée à la résistance à l'imatinib (voir chapitre 3.3.5) (10; 107; 182; 246; 303; 329; 363; 445; 557).

Récemment un autre cas, unique a été identifié : Asn655Lys (244).

- **KIT exon 17**

Les rares mutations observées (1 %) (432) affectent les codons 820 et 822 (89; 246; 433). Par contre, la mutation observée très fréquemment dans la mastocytose au niveau du codon 817, n'est jamais retrouvée chez les GISTs (299).

- **Mutations du *PDGFRA***

Des mutations du *PDGFRA* sont observées dans 5 à 12 % des cas, touchant le plus souvent l'exon 18 (5 %) et plus rarement les exons 12 (1 %) et 14 (<1 %) (89; 92; 182; 271; 432). Les mutants du PDGFRA sont observés généralement chez des GISTs gastriques, de morphologie épithélioïde et dont le marquage immunohistochimique de KIT est faible ou négatif (89; 92; 182; 271; 387; 391; 432).

Les mutations de l'exon 18 sont localisées au niveau des codons 842 à 849, dont la plupart sont d'emblée très résistantes à l'imatinib (voir chapitre 3.3.5) (183; 187; 197; 374).

Les mutations de l'exon 12 interviennent entre les codons 561 et 571 (92; 187; 197).

Enfin, 2 types de mutation sont observés très rarement (< 1 %) dans l'exon 14 Asn659Tyr (N659K) ou Asn659Lys (N659L) (92; 278).

	Frequency	Familial examples	In vitro sensitivity to imatinib	Objective responses*†	Progressive disease*
KIT mutation	80%				
Exon 8	<1%	1 kindred	Yes	..	..
Exon 9	10%	None	Yes	34-40%	17%
Exon 11	67%	10 kindreds	Yes	65-67%	3%
Exon 13	1%	2 kindreds	Yes	Responses reported	..
Exon 17	1%	2 kindreds	Yes	Responses reported	..
PDGFRA mutation	5-8%				
Exon 12	1%	2 kindreds	Yes	Responses reported	..
Exon 14	<1%	None	Yes	..	..
Exon 18	5%	None	D842V is resistant, most others are sensitive	Responses reported	Yes (D842V)
Wild-type	12-15%	Yes	Yes	23-40%	19%

<u>Tableau 2</u> : **Classification moléculaire des GISTs (177; 432).**

1.3. FACTEURS PRONOSTIQUES ET EVOLUTION DE LA MALADIE

On estime que toutes les GISTs de taille supérieure à 2 cm présentent un risque élevé de rechute métastatique lors du diagnostic ; ce qui représente environ 25 à 30 % des GISTs nouvellement diagnostiquées (329). Cependant, en dehors de la présence d'un envahissement locorégional ou de métastases qui constituent une preuve formelle de malignité, le pronostic des GISTs est souvent difficile à établir. La distinction entre tumeur stromale bénigne et maligne n'est pas aisée et a fait l'objet de nombreux débats. Selon certains anatomopathologistes les GISTs bénignes n'existent pas, toutes tumeurs stromales dites « à très faible risque » pouvant rechuter jusqu'à 20 ans après le diagnostic initial (88; 95; 135; 143). Toutefois, les observations récentes d'une très grande fréquence de mini-GISTs qui régresseraient d'elles-mêmes (voir chap. 1.1), remettent en cause ces hypothèses (2; 236).

Au cours des années, les chercheurs ont examinés pour les GISTs, plusieurs indicateurs de pronostic potentiels : localisation anatomique, taille de la tumeur, histomorphologie, immunohistochimie, et génétique moléculaire (325). A ce jour, la taille de la tumeur et l'index de prolifération (Ki67 ou l'activité mitotique) semblent être les plus robustes et les plus utiles (112; 467), bien que des limites pronostiques absolues soient difficiles à définir (382).

1.3.1. Critères cliniques

La prédiction du potentiel de rechute sur la base de caractères cliniques est souvent difficile. Les tumeurs de grande taille et nécrotiques sont généralement agressives, mais celles de petite taille peuvent aussi donner des métastases (88; 337).

Les tumeurs qui ont déjà métastasé au moment de la présentation (325) et celles avec prolongements péritonéaux au moment de la première opération (88; 95) ont un très mauvais pronostic.

Berman retient l'index mitotique et la taille tumorale comme les deux facteurs les plus discriminants et les plus reproductibles permettant de prédire le potentiel évolutif des GISTs (30).

L'interprétation de ces 2 précédents critères doit cependant tenir compte de la localisation tumorale (30). En effet, la localisation initiale d'une GIST serait également un facteur pronostique, favorable pour les GISTs proximales (œsophage ou estomac) et défavorable pour les sites distaux (intestin grêle, côlon) (135; 325; 337; 340). Enfin, les GISTs de localisation extra-gastrique sont généralement plus agressives (134; 239; 416).

1.3.2. Critères d'anatomie pathologique

La classification histopronostique actuelle des GISTs tient compte de la taille de la tumeur et du nombre de cellules en division pour 50 champs à fort grossissement (hpf = high-power field) (voir Tableau 3 et Tableau 4). Elle définit 4 groupes de risque, mais certains auteurs ont proposé d'y ajouter un cinquième correspondant aux formes objectivement malignes d'emblée (sarcomatose péritonéale, métastases associées) (363). Cette classification devrait permettre d'établir des stratégies thérapeutiques adaptées et consensuelles autour des GISTs, en fonction de leur risques de récidive (141; 328) :

Risque	Taille tumorale	Index mitotique
Très faible	< 2 cm	< 5/50 hpf
Faible	2 - 5 cm	< 5/50 hpf
Intermédiaire	< 5 cm	6-10/50 hpf
	5 - 10 cm	< 5/50 hpf
Elevé	> 5 cm	> 10/50 hpf
	> 10 cm	> 5/50 hpf

Tableau 3 : Consensus international pour l'estimation du potentiel de malignité des GISTs.

	Survie (années)		
	5	10	15
Faible risque (<5cm, bas grade), %	98	85	75
Risque intermédiaire (5-10 cm, bas grade), %	90	70	40
Risque élevé (>10 cm, haut grade), %	40	25	10
Globalement, %	82	67	

Tableau 4 : Survie à long terme des patients atteints de GISTs exprimant KIT.

La classification consensuelle des GISTs en terme de risque relatif d'agressivité, plutôt qu'en terme de malignité, est proposée depuis 2001 (141) et reste inchangée dans les recommandations de l'ESMO 2004, comme celle du consensus francophone 2005 (121). Des

GISTs de petite taille et de faible indice mitotique pouvant métastaser, bien que dans seulement 2 à 3 % des cas, Fletcher considère que des critères absolus n'ont pas de sens (141; 340).

Mais d'autres auteurs comme Miettinen pense que certaines tumeurs peuvent être étiquetées malignes ou bénignes sans grand risque, notamment si l'on prend en compte la localisation anatomique initiale. Dans la plupart des études, la grande majorité des tumeurs gastriques sont d'évolution bénigne, alors que la plupart des tumeurs coliques et de l'œsophage se comportent comme des tumeurs malignes (87). Rubin et al proposent ainsi une révision du tableau d'estimation du risque classique (141) à partir des grandes séries analysées par Miettinen (Tableau 5) (329; 332; 335; 340).

	Size	Risk of progressive disease*			
		Gastric	Duodenum	Jejunum or ileum	Rectum
Mitotic index ≤5 per 50 hpf	≤2 cm	0%	0%	0%	0%
	2-5 cm	1.9%	4.3%	8.3%	8.5%
	5-10 cm	3.6%	24%	..	..
	>10 cm	10%	52%	34%	57%
Mitotic index >5 per 50 hpf	≤2 cm	..	..	..	54%
	2-5 cm	16%	73%	50%	52%
	5-10 cm	55%	85%	..	..
	>10 cm	86%	90%	86%	71%

Tableau 5 : Guidelines for risk assessment of primary gastrointestinal stromal tumours (432).

*Le risque de progression est défini par la présence de métastases ou de morbidité liée à la tumeur.

Les données présentées ici sont issues d'un suivi à long terme de 1055 patients avec tumeurs gastriques, 629 avec tumeurs de l'intestin grêle, 144 avec tumeurs duodénales and 111 tumeurs stromales du rectum avant l'utilisation de l'imatinib (329; 332; 335; 340). Les données concernant l'oesophage et les tumeurs stromales extra-gastrointestinales sont trop rares pour les inclure dans la table.

L'index mitotique (hpf) semble être le meilleur indicateur d'agressivité.

D'autres corrélations entre les caractères histologiques et le pronostic ont été étudiées. Ainsi, les patients dont les tumeurs montrent une histologie de cellules fusiformes avaient un taux de survie sans maladie à 5 ans de 49 %, contre 23 % pour une histologie épithélioïde ou mixte (467). Les variants épithélioïdes, qui sont le plus souvent vus dans l'estomac, avaient également été corrélés à l'expression de Bcl2 et à une issue défavorable (479). Dans le cas des tumeurs gastriques, une apparence pseudo palissadique correspond à un pronostique plus favorable qu'un aspect hypercellulaire ou pléiomorphe (340). Une invasion des muqueuses avec un profil de croissance « lymphome-like » entre des glandes natives, semble survenir seulement chez les GISTs à haut risque de rechute (325; 340). Dans le cas des petites GISTs intestinales, les caractéristiques associées à un pronostic positif incluent une cellularité basse et une abondance de fibres skénoïdes. Les caractères inquiétants comprennent nécrose, invasion des muqueuses, morphologie épithélioïde et atypies nucléaires. Les GISTs du colon, de l'œsophage, ou de la région annorectale surviennent en nombre trop faible pour faire des corrélations avec le pronostic (49; 162; 168). Enfin, les GISTs extra-gastrointestinales représentent un sous-groupe de tumeurs très agressives, morphologiquement plus proche des GISTs intestinales, mais dont la survenue est beaucoup trop rare pour définir des facteurs pronostiques (382).

Enfin, bien que ne concernant qu'une petite fraction des GISTs, l'absence d'expression de KIT, correspond généralement à des tumeurs à faible ou très faible risque, se développant principalement dans l'estomac et présentant une morphologie épithélioïde ou mixte (110; 259).

1.3.3. Caryotype

Les altérations du caryotype dans les GISTs ont été largement étudiées ; non seulement afin de mieux comprendre la progression de ces tumeurs, mais aussi afin d'identifier des marqueurs pronostic.

La présence de multiples anomalies chromosomiques, telles que des translocations, des amplifications et des délétions, est presque une constante chez les GISTs, puisqu'on les observe dans plus de 90 % des tumeurs (128). Les techniques d'investigations des anomalies chromosomiques telles que la FISH (fluorescence in situ hybridization) ou la CGH (comparative genomic hybridization), qui analyse dans leur globalité les pertes ou les gains de matériel chromosomique, peuvent révéler des corrélations significatives avec les comportements clinicopathologiques de ces tumeurs (126).

Les GISTs à haut risque de rechute ont significativement plus d'amplifications géniques ou de délétions que les tumeurs à faible risque. Les GISTs métastatiques quant à elles, sont encore plus anormales génétiquement que les GISTs à haut risque (80; 128; 273; 494; 566). Ainsi, El Rifai et al rapportent que la moyenne des aberrations chromosomiques était de 2,6 dans les tumeurs bénignes, 7,5 dans les malignes, et 9 dans les métastatiques (128). L'aneuploïdie étant un facteur pronostique défavorable, son analyse pourrait être intéressante en diagnostic de routine, mais est difficilement réalisable (88; 161). Récemment Schurr et al propose une analyse de LOH (Loss of Heterozygosity) qui pourrait facilement être réalisée par cytométrie en flux. Leur étude montre en effet que la perte d'hétérozygotie d'une façon générale, du chromosome 17 en particulier, est un marqueur pronostic négatif de la survie (455).

Les délétions des bras du chromosome 14q sont très fréquemment retrouvées, quelque soit le groupe histologique de GISTs. Les pertes de 1p, 9p, 11p et 22q, au contraire, sont associées à la progression maligne (108; 130; 150; 183; 240; 370; 566) et les gains de 8q et de 17q aux développement de métastases (108; 128; 129). La perte d'hétérozygotie du chromosome 9p, est même proposée comme facteur pronostique indépendant, particulièrement intéressant pour les GISTs à faible ou à très faible risque de progression (438; 453; 454).

De manière plus ou moins significative selon les études, on associe aussi à la malignité : la perte des chromosomes 10p et q, 13q, 15q, 18q, 19 (10; 80; 128; 130; 171; 183; 240; 370) et les gains de 4, 5p, 12p, et 20q.

Enfin, récemment, un modèle arborescent a été proposé pour illustrer l'évolution cytogénétique des GISTs et l'implication en terme de pronostic. Trois branches majeures sont identifiées : la branche -14q associée aux tumeurs gastriques avec caryotypes « stables » et évolution favorable, la branche -1p associées aux GISTs intestinales avec des caryotypes plus complexes et un pronostic moins bon, et enfin la branche -22q souvent accompagnée des délétions -1p et de nombreuses autres altérations caryotypiques telles que +8q et -9 (172). Différents gènes identifiés sur ces chromosomes pourraient être impliqués dans la tumorigenèse des GISTs (voir chapitre 2.2.5.1).

1.3.4. Marqueurs moléculaires

Devant le manque de prédictibilité de malignité des GISTs, de nouveaux marqueurs ont été recherchés. Différentes méthodes de screening (TMA, microarrays) ont été utilisées pour identifier des marqueurs parmi les molécules intervenant dans la régulation du cycle cellulaire, de la prolifération ou de l'apoptose.

KI-67

L'indice de prolifération mesuré avec un anticorps anti KI-67 (MIB-1) a été testé pour pallier au manque de reproductibilité du calcul du nombre de mitoses (grande variabilité selon l'opérateur) (149; 334). Il s'est ainsi révélé utile pour différencier les GISTs à faible risque des GISTs à plus haut risque de rechute (178; 356; 357; 563). Son intérêt réside également dans la possibilité d'analyser des petits échantillons (ex : sur ponction à l'aiguille fine sous contrôle écho-endoscopique) (99). Un taux de cellules positives supérieur à 10 % serait associé à un risque élevé de récidives (178; 334) et serait un facteur prédictif indépendant (68; 363; 381). Toutefois, pour d'autres auteurs, cette alternative à l'index mitotique ne semble pas plus précise (450; 508) et elle reste un facteur prédictif moins bon que l'index mitotique (162; 435). Ce marqueur n'a d'ailleurs pas été particulièrement recommandé lors des différentes réunions de consensus comme devant faire partie de l'analyse systématique en routine (38; 325).

Bcl-2

Certains auteurs associent Bcl-2 à un pronostic favorable (258). Un Index Pronostique des GIST (GPI) a même été établi en fonction de ce critère : GPI exp. = (49.6 mois – statut des métastases x 22.9185 – taille (cm) x 0.6801 + expression bcl-2 (%) x 0.2569), (r2 = 0.67) (prob>F=0.0001). Contrairement à d'autres qui considèrent que l'expression de Bcl-2 n'a aucune valeur pronostique (75; 138; 439; 560) ou encore l'associent à un pronostic défavorable (94; 368).

p53

La présence de mutations sur le gène suppresseur de tumeur *TP53* (437) et/ou la surexpression de la protéine (4; 322; 439; 490; 563) sont généralement décrites comme des facteurs pronostiques défavorables, excepté dans l'étude de Wong et al (560).

p16^{INK}

L'altération de l'expression de ce gène suppresseur de tumeur pourrait être impliquée dans la progression des GISTs. Mais, selon les études, c'est son expression (477) ou son absence d'expression (439; 454) qui est le facteur de mauvais pronostic. Une augmentation de l'expression de p16 pourrait correspondre à une régulation positive compensatoire à la perte de fonction d'autres gènes suppresseurs de tumeurs (*TP53*, *RB*) ; ce phénomène a été décrit dans d'autres cancers (477).

p27^{KIP1}

La perte d'expression de p27 en immunohistochimie est observée préférentiellement dans les GISTs métastatiques (439) et est le plus souvent corrélée à la surexpression de KI-67 (357; 407). L'association des 2 marqueurs serait donc un bon témoin de l'agressivité de ces tumeurs (154).

nm23

Une corrélation inverse entre le niveau d'expression de *nm23* (gène suppresseur de métastases localisé sur le chromosome 17q21.3) et le potentiel métastatique a été rapportée dans les GISTs (229).

Activité télomérase

De même, l'activité télomérase a été évoquée comme un marqueur potentiel de la malignité dans ces tumeurs, les auteurs évoquant un intérêt à développer des inhibiteurs de télomérase dans le traitement des GISTs (444). Ce facteur pronostique a depuis été confirmé par d'autres équipes (173; 438).

COX 2

COX 2 (cyclooxygénase de type 2, inductible) est surexprimée dans un certain nombre de tumeurs, en particulier celles du tractus gastro-intestinal et a été fortement impliquée dans la carcinogenèse. Récemment, l'expression de COX 2 a également été observé dans les GISTs en particulier dans les tumeurs de l'estomac et semblerait associée aux GISTs à haut risque de progression (460).

De même, l'expression de CD34 (356; 456; 563), PCNA (63; 258), VEGF (vascular endothelial growth factor) (212; 319; 487), le marqueur de micro-vaisseaux CD31 (212), cmyc (381), intégrine α6 (490), cycline A (357) ou E2F1 (174; 439) ont été décrits comme des facteurs pronostiques défavorables. Au contraire ce sont la perte d'expression ou de fonction de PTEN (418), ou de la molécule d'adhésion cellulaire CD44 (205; 351), qui sont de mauvais pronostics.

D'autres gènes on été identifiés comme pouvant devenir des facteurs pronostiques potentiels mais nécessitant une validation immunohistochimique et/ou sur un grand nombre de prélèvements. Quatre gènes seraient exprimés dans les GISTs à haut risque et permettraient de les distinguer des GISTs « borderlines » : *ezrin* (*VIL2*, impliquée dans la motilité cellulaire), *G2/mitotic specific cyclin B1* (*CCNB1*, impliqué dans la régulation du cycle cellulaire), *CENP-F kinetochore protein* (protein impliquée dans la mitose), *tyrosine kinase 2* (*FAK*, impliqué dans la motilité cellulaire et l'adhésion) (260), ainsi que *TSG101* (rôle dans la prolifération) et *DYRK* (kinase jouant le rôle de catalyseur de phosphorylation, croissance cellulaire). Récemment, la perte d'hétérozygotie du gène *Hox11L1*, un gène du système nerveux périphérique et impliqué dans l'hyperplasie des cellules de Cajal, a été corrélée à une mauvaise survie sans progression (227). En outre, une amplification du locus portant le gène *AURKA* (Aurora kinases A) sur le chromosome 20 a été associée à la présence de métastases (566).

Enfin, récemment, une étude du protéome de différents grades de GISTs a fait ressortir la surexpression de 5 protéines (annexine V, HMGB1, C13orf2, glutamate dehydrogenase 1 et la chaîne beta du fibrinogène) et la sous expression de RoXaN, chez les GISTs de haut grade (230).

1.3.5. Mutations des gènes *KIT* et *PDGFRA*

Les mutations de ces deux gènes dans les GISTs ont un rôle central dans la physiopathologie de ces tumeurs (voir chapitre 2). De nombreuses études sur le rôle pronostic de ces mutations ont été rapportées mais sont encore controversées :

1.3.5.1. Mutations du gène *KIT*

Le rôle pronostic des mutations de *KIT*, notamment dans l'exon 11 qui sont les plus fréquentes, a été largement étudié mais reste encore assez controversé. Taniguchi identifiait des mutations de l'exon 11 dans 57 % d'une série de 124 GISTs et celles-ci étaient corrélées à mauvais pronostic tant sur des critères histomorphologiques (taille, index mitotique, nécrose) que sur des paramètres cliniques (rechute, mortalité) (494). Plusieurs autres études sont également allées dans ce sens : facteur pronostic indépendant de faible survie sans progression (241; 467), associées plus fréquemment à des métastases hépatiques et une plus grande mortalité (83), associées à une diminution de la survie mais ni à l'index mitotic ni à la taille de la tumeur (83; 136; 241; 273; 467; 563), ou corrélés aux critères histomorphologiques de rechute uniquement (273; 563). Au contraire, certains retrouvent des mutations de *KIT* aussi bien dans de petites GISTs asymptomatiques, que dans des GISTs de grande taille et métastatiques (90; 433; 545). Parallèlement certains observent que les mutations dans l'exon 11 de *KIT* ne sont associées ni aux critères histologiques de récidives, ni à une diminution de la survie (442). D'autres encore, corrèlent la présence de mutations à une meilleure survie (477; 543).

Devant ces études contradictoires, plusieurs groupes se sont attachés à détailler plus précisément l'influence sur le pronostic du type de mutations (délétions ou mutation ponctuelles et codons impliqués). Des comparaisons entre délétions et mutations ponctuelles ont été effectuées, indépendamment de leur localisation sur l'exon 11, mais les conclusions diffèrent selon la localisation anatomique des tumeurs. Dans l'ensemble des GISTs (467) et en particulier ceux de l'estomac (340; 478), les mutations ponctuelles auraient meilleur pronostic que les délétions, alors qu'aucune valeur pronostique n'apparaît pour les petites GISTs intestinales (335).

La nature des codons impliqués sur le pronostic ne semble pas plus consensuelle. En effet, pour certains, les délétions des codons 557 et 558, dans le domaine juxtamembranaire (exon 11) de *KIT*, seraient associées à la pire survie sans rechute par rapport aux autres types de mutations de l'exon 11 (315; 543). Mais selon d'autres études, non seulement la corrélation entre les délétions impliquant ces codons et le pronostic défavorable n'a pas été retrouvée (8; 134; 520), mais au contraire les délétions distales de l'exon 11 (codons 562-579) seraient associées à un plus grand risque de métastases (109; 134). D'autre part, certaines mutations en 3' de l'exon 11, de type duplication en tandem, ont été associées avec une prédominance féminine, une localisation primitive gastrique et un meilleur pronostic (275). En fait, aucune étude n'est réellement comparable : soit de part la sélection des cas (cas récents seulement pour Andersson qui introduit un biais dans l'analyse (133), étude prospective pour Debiec, étude prospective avec exclusion des cas métastatiques pour Martin), soit de part le paramètre étudié (survie sans progression pour Andersson et Debiec ou association à la présence de métastases pour Emile et Wardelmann), soit de part les comparaisons effectuées (délétions 557/558 comparées aux duplications et mutations ponctuelles et non pas aux délétions touchant d'autres acides aminés pour Andersson, comparaison des codons touchés quelque soit le type de mutation pour Emile et Debiec, comparaison des délétions impliquant les codons 557/558 par rapport aux délétions autres).

Enfin, très récemment, la présence de mutations homozygotes a été fortement associée à une évolution maligne des GISTs et pourrait être le reflet d'un des mécanismes impliqués dans la progression tumorale (279) (voir chapitre 2).

Au contraire, les mutations de l'exon 9 de *KIT* (*KIT* 1530ins6) seraient associées à une localisation primitive intestinale, à une plus grande taille tumorale et à un pronostic défavorable (13; 275).

1.3.5.2.Mutations du gène *PDGFRA*

La majorité des GISTs ayant une mutation de *PDGFRA* (notamment au niveau de l'exon 18) seraient des tumeurs à faible activité mitotique, le plus souvent d'origine gastrique (542), sans ou à faible risque de rechute (271; 278). En fait, plutôt que la présence ou non de mutation du gène, c'est l'expression de PDGFRA qui semble être un facteur pronostic significatif (175).

1.4. SYNDROMES FAMILIAUX ET GISTs PEDIATRIQUES

1.4.1. GISTs familiales

Les GISTs familiales sont associées à la présence de mutations germinales dans les exons 8 (177), 11 (29; 64; 198; 238; 276; 291; 308; 367), 13 (167; 214), 17 (196; 252; 371) de *KIT* ou les exons 12 (102) et 18 (85) de *PDGFRA*, dont la transmission est de type autosomal dominant. Différents individus d'une même famille vont ainsi présenter une hyperplasie diffuse et polyclonale des cellules de Cajal, puis certains (moitié des cas environ) développeront des GISTs monoclonales (77) dès l'âge de 18 ans. Selon les cas, on peut observer aussi une dysphagie (196), une hyperpigmentation (périnée, des aisselles, des mains ou du visage), des lentigo, des macules café au lait, des névés bénins, ainsi qu'une urticaria pigmentosa (associée ou non à une mastocytose) ou un mélanome (247; 432; 509). Les mécanismes génétiques de la progression semblent similaires aux GISTs sporadiques (291).

Certaines des mutations, telles que la délétion observée dans l'exon 8 de *KIT* (177), sont exclusivement retrouvées dans ces formes familiales, tandis que d'autres, telles que les mutations de l'exon 13 (K642E (214)) ou 17 (D820Y (196; 371)), sont simplement plus fréquentes dans ce groupe. Les mutations de l'exon 11 sont assez fréquentes également, mais très variées dans leur type : QL576-577ins (64), VV559-560del (367), W557R (198), V559A (29; 291; 308) et D579del (276; 497). De manière surprenante, bien que l'association d'une mastocytose et d'une GIST aient été décrites dans un cas, c'est une mutation germinale de l'exon 11, et non de l'exon 17, qui est retrouvée (29). Enfin, une mutation D846Y dans le *PDGFRA* a été rapportée (85).

D'autre part, des cas atypiques de GISTs familiales ont été décrits : une GIST congénitale (155), une famille de GISTs sans mutation germinale apparente (574), une famille de GISTs avec mutation activatrice Y555C du *PDGFRA* mais ressemblant à une neurofibromatose intestinale (ni NF1 ni NF2) (102), et enfin un cas de GIST associée à des tumeurs neuroendocrines avec mutation germinale V561D du *PDGFRA* (384).

1.4.2. Neurofibromatose de type I

La neurofibromatose de type 1 (NF1), constitue la prédisposition la plus fréquente aux formes familiales de GISTs (151). La NF1 est une maladie héréditaire à transmission autosomale dominante qui se présente, entre autres, par le développement de nombreux fibromes dont certains peuvent se transformer en neurofibrosarcomes ou en tumeurs malignes des gaines nerveuses périphériques (MPNSTs). Ces patients ont aussi un risque accru de développer des GISTs, et de manière généralement plus précoce que les cas sporadiques (335; 513). D'après une étude suédoise sur 70 patients NF1, cela concernerait près de 7 % des cas cliniquement apparents, mais cela pourrait atteindre 33 % lorsqu'on considère les diagnostics post-mortem (585). Les tumeurs sont fréquemment multifocales (60 %), souvent associées à une hyperplasie des cellules de Cajal et touchant majoritairement l'intestin grêle (9; 326; 489). Bien que généralement non mutées sur *KIT* ou *PDGFRA* (9; 245; 326), sauf pour de rares cas (489; 567), ces tumeurs sont fortement positives pour KIT en immunohistochimie. Par contre, la perte d'hétérozygotie (245; 480) ou la présence de mutation inactivatrices (245; 307) sur le gène *NF1* est observée dans la majorité des GISTs NF1. L'analyse moléculaire détaillée de 2 GISTs/NF1, présentant une perte d'hétérozygotie du locus *NF1*, a montré la présence de deux allèles mutés, ce qui suggère qu'une recombinaison mitotique est à l'origine de la perte de l'allèle sauvage et la duplication de l'allèle muté (480).

Au niveau des mécanismes de tumorigenèse des GISTs/NF1, Maertens et al montrent que malgré l'absence de mutation des gènes *KIT* et *PDGFRA*, et une très faible activation de KIT, la présence de mutation somatique du gène NF1 conduit bien à la perte de fonction de la neurofibromine (expression diminuée) ainsi qu'à l'activation de la voie des MAPK, mais pas des voies JAK-STAT3 et PI3K-AKT. A l'inverse, les altérations caryotypiques ne sont pas significativement différentes entre les GISTs sporadiques et les GISTs/NF1 (307).

1.4.3. Triade de Carney

L'association d'une GIST gastrique épithélioïde, d'un paragangliome extrasurrénalien et d'un chondrome pulmonaire, est appelée triade de Carney. C'est un syndrome très rare touchant principalement les femmes (plus de 85 %) jeunes (plus de 80 % des patients ont moins de 30 ans) et d'évolution relativement indolente malgré de fréquentes récurrences (41 %) et métastases (55 %) (65; 66). Les cas rapportés de GISTs appartenant à ce syndrome ne semblent pas avoir de mutations de *KIT* ou *PDGFRA* malgré un marquage KIT positif (119;

253; 473). Bien que la base génétique soit encore peu connue à ce jour, il s'agit très certainement d'une transmission héréditaire vu l'âge des patients et la nature multifocale des tumeurs (340; 403). Très récemment, Matyakhina et al ont pu montrer que les tumeurs issues d'une triade de Carney n'avaient ni les mutations inactivatrices de la succinate dehydrogenase (*SDH*), observées dans le syndrome de Carney-Stratakis (320), ni les mutations activatrices de *KIT* ou *PDGFRA*, impliquées dans les GISTs. Par contre la perte récurrente de chromosome 1, notamment la région contenant un des gènes de la SDH, étaient l'altération génomique la plus fréquente et pourrait malgré tout être impliquée dans la genèse de ces tumeurs (317).

1.4.4. Syndrome de Carney-Stratakis

Il s'agit d'un syndrome familial de transmission autosomale dominante qui associe GISTs et paragangliomes. Il se distingue donc de la triade de Carney par le fait qu'il ne présente pas de chondrome pulmonaire, et touche indifféremment les 2 sexes (67). Au contraire des patients de la triade de Carney, des mutations d'une des sous unités de la *SDH* (B, C, D) ont été très récemment observées chez les patients du syndrome Carney-Stratakis (320). Les auteurs pensent que l'altération de cette voie mitochondriale « suppresseur de tumeur », pourrait être à l'origine de l'expression de gène cibles de cette voie, telle que le *VEGF* et le facteur de transcription *HIF1α* (385).

1.4.5. GISTs pédiatriques

Les GISTs sont rares chez les enfants (30 cas rapportés). La plupart des cas sont associés à des syndromes familiaux (voir précédemment) mais certains sont sporadiques. Comme la triade de Carney, ces GISTs pédiatriques sporadiques, souvent de mauvais pronostic, touchent presque exclusivement les filles, ont une localisation généralement gastrique avec une tendance à la multifocalité et une morphologie épithélioïde. Moins de 15 % de ces tumeurs présentent des mutations pour *KIT* ou *PDGFRA* (219; 406). Malgré l'absence de mutation, le récepteur KIT, ainsi que les voies MAPK et AKT, semblent activés dans la quasi-totalité des cas. Par contre la plupart des GISTs pédiatriques n'acquerraient pas d'anomalie chromosomique au fur et à mesure de la progression, comme c'est le cas pour les adultes (219). Une signature génomique a également été retrouvée dans 5 cas, avec notamment la surexpression de *PHKA1* (phosphate kinase alpha 1) (340; 403).

2. PHYSIOPATHOLOGIE DES GISTs

2.1. KIT, PDGFRA ET LA FAMILLE DES RTKs

2.1.1. La famille des RTKs

Un des principaux moyens de communication cellulaire s'effectue via la liaison de ligands polypeptidiques à des récepteurs membranaires possédant une activité tyrosine kinase. Ces récepteurs jouent un rôle crucial dans la prolifération, la différentiation, la migration et le métabolisme à travers différentes voies de signalisation (5). Au cours des années 80, les récepteurs répondant à des facteurs tels que l'EGF (epidermal growth factor) (521), l'insuline (127), ou le PDGF (platelet derived growth factor) (569), se sont avérés appartenir à une famille de protéines très proches qui transmet un signal de croissance à travers la membrane. La structure de base d'un RTK comprend un domaine extracellulaire de liaison au ligand, un domaine transmembranaire et un domaine kinase cytoplasmique dont la fonction est de catalyser le transfert d'un groupement phosphate de l'ATP à un résidu OH (résidus sérine/thréonine ou tyrosines) d'une protéine. La famille des kinases est la deuxième plus grande parmi la famille des enzymes (1,7% de l'ensemble des gènes humains), après la famille des protéases (1,9%). On compte chez l'homme, 518 protéines kinases, dont 385 sérine/thréonine kinases, 90 tyrosine kinases (58 récepteurs et 32 non-récepteurs ;
Figure 4) et 43 tyrosine-kinases like (314).

Les RTKs, sans doute du fait de leur rôle dans la prolifération et la différentiation cellulaire, est une des classes les plus fréquemment mutées dans les cancers. Lorsque ces protéines sont mutées ou altérées structurellement, elles deviennent des oncoprotéines potentielles, causant la transformation cellulaire. Il y a grossièrement quatre principes de transformation oncogénique des PTKs. Premièrement, l'infection par un rétrovirus d'une PTK, dérégulée par des modifications structurales, est un mécanisme fréquemment observé chez les félins (v-kit, v-fms), les rongeurs (v-abl) ou le poulet (v-src). Deuxièmement, des réarrangements génomiques, tels que des translocations chromosomiques, peuvent conduire à la fusion oncogénique de protéines un domaine kinase et une protéine qui apporte une fonction de dimérisation. Troisièmement, des mutations "gain-de-fonction" sont associées à plusieurs cancers. Enfin, la surexpression de RTK, résultant généralement d'une amplification génique, provoque une augmentation de leur concentration et ainsi de leur dimérisation. Au final l'effet transformant est responsable d'une activité tyrosine kinase augmentée ou constitutive et d'une altération qualitative ou quantitative des voies de signalisation (43).

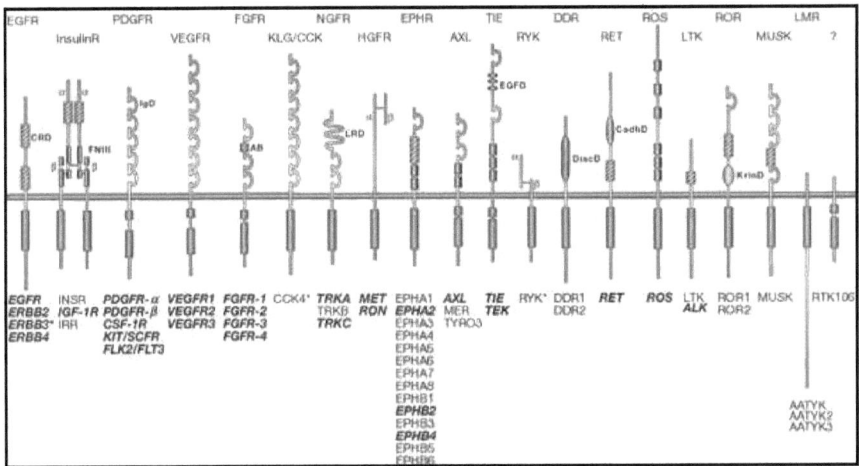

Figure 4 : La famille des récepteurs à activité tyrosine kinase chez l'homme (43).
Le récepteur prototype pour chaque famille est indiqué au dessus des figures et les autres membres sont listés en dessous.
Abréviations des récepteurs : EGFR, epidermal growth factor receptor; InsR, insulin receptor; PDGFR, platelet-derived growth factor receptor; VEGFR; vascular endothelial growth factor receptor; FGFR, fibroblast growth factor receptor; KLG/CCK, colon carcinoma kinase; NGFR, nerve growth factor receptor; HGFR, hepatocyte growth factor receptor, EphR, ephrin receptor; Axl, a Tyro3 PTK; TIE, tyrosine kinase receptor in endothelial cells; RYK, receptor related to tyrosine kinases; DDR, discoidin domain receptor; Ret, rearranged during transfection; ROS, RPTK expressed in some epithelial cell types; LTK, leukocyte tyrosine kinase; ROR, receptor orphan; MuSK, muscle-specific kinase; LMR, Lemur.
Autres abréviations: AB, acidic box; CadhD, cadherin-like domain; CRD, cysteine-rich domain; DiscD, discoidin-like domain; EGFD, epidermal growth factor-like domain; FNIII, fibronectin type III-like domain; IgD, immunoglobulin-like domain; KrinD, kringle-like domain; LRD, leucine-rich domain.
Les récepteurs en gras et en italique sont impliqués dans des cancers humains. Un astérisque indique que le récepteur est dépourvu d'activité kinase intrinsèque.

La famille des RTKs de classe III est caractérisée par la présence de 5 domaines similaires aux immunoglobulines dans la région extracellulaire et comprend KIT, FLT3, PDGFRA, PDGFRB et c-FMS. Excepté le PDGFRA, ce groupe joue un rôle crucial dans l'hématopoïèse.

2.1.2. Le proto-oncogène *KIT*

Besmer décrivit le gène *KIT* comme l'oncogène viral *v-kit* en étudiant le feline sarcoma virus (HZ 4-FeSV). Bien que *v-kit* code pour une protéine dépourvue de domaines extracellulaire et membranaire, ces caractéristiques structurales suggéraient qu'il avait pour origine le proto-oncogène *KIT* après traduction et troncation du récepteur (570).

Le gène *KIT* est localisé au niveau du locus W (white spotting) sur le bras long du chromosome 4 (4q12) et s'étend sur 70 Kb. Les 20 introns sont de taille variable avec un premier intron de taille particulièrement importante (37,4 kb). Après un épissage alternatif, l'ARN transcrit le plus long est de 5230 pb et comprend 21 exons, tous de petite taille, sauf l'exon 21 (de 88 pb pour l'exon 1 à 2407 pour l'exon 21) (156; 530; 570).

Le promoteur du gène *KIT* ne possède pas de CCAAT ou de TATA box, mais contient des sites de liaison consensus pour de nombreux facteurs de transcription tel que Sp1, AP-2, Ets, Myb, SCL et GATA-1 (529; 565; 571). Cependant, les fonctions respectives des différents éléments impliqués dans la régulation de *KIT* ne sont pas toujours claires. Par exemple, dans certaines études, Myb semble réguler positivement le promoteur de *KIT* (410) mais dans d'autres, il le régule négativement (529). *SCL, AP2* et *HMGA1* réguleraient positivement le gène *KIT* (209; 265; 512).

La région de régulation du gène *KIT* serait constituée de 154 paires de bases située en 5' du gène. Plusieurs sites hypersensibles, impliqués dans l'expression tissu-spécifique de *KIT*, ont été identifiés dans la région en 5' du gène (32; 33), mais aussi dans l'intron 1 (61).

L'ARN messager principal de KIT (5,5 kb) possède deux sites d'épissage alternatif générant différents types d'isoformes :

Le site en 3' de l'exon 9 (à la jonction avec l'intron): génère une délétion de 12 paires de bases différenciant 2 isoformes de l'ARN, soit une différence de 4 acides aminés au niveau de la protéine : Gly-Asn-Asn-Lys (GNNK, position 510 à 513), les isoformes sont donc appelées GNNK- et GNNK+. Elles sont co-exprimées dans de nombreux types cellulaires (414; 530).

Le site en 3' de l'exon 15 : génère une délétion de 3 paires de bases (Ser-), qui codent normalement pour un résidu sérine à la position 715 de la protéine (Ser+). Cet épissage observé chez l'homme, est absent chez la souris (93; 274).

D'autre part, il existe un ARNm alternatif, transcrit sous le contrôle de promoteurs cryptiques situés dans les introns 15 et 16, que l'on retrouve exclusivement dans les cellules germinales post-méiotiques (428). Ce variant est une forme tronquée de la région cytoplasmique (tr-kit).

2.1.2.1. Fonction du récepteur

Le gène *KIT* codant pour la protéine KIT est exprimé très précocement au cours de l'embryogenèse. Les fonctions cellulaires physiologiques de KIT ont été connues grâce à l'étude des souris mutantes « white spotting ». Les mutations inactivatrices du gène *KIT*, à l'origine de ce phénotype nul, ont été décrites et affectent la prolifération et/ou la migration des cellules primaires germinales ainsi que l'hématopoïèse (31; 56; 249; 415; 417). Récemment, c'est le premier gène pour lequel des paramutations à transmission non mendélienne ont été décrites chez les mammifères (409).

Chez l'homme, certaines délétions inactivatrices du gène *KIT* sont impliquées dans le piébaldisme, syndrome caractérisé par un défaut de pigmentation de la peau et des cheveux, une surdité et un mégacôlon (474; 475). Tous ces résultats indiquent que *KIT* est crucial dans la maintenance et le développement de diverses lignées cellulaires.

Chez l'homme, le récepteur KIT, exprimé à la surface des cellules souches hématopoïétiques, des mélanocytes, des cellules de la lignée germinale et de la lignée neurectodermique, joue un rôle important dans l'hématopoïèse, la mélanogenèse, la spermatogenèse et la genèse des cellules de Cajal (211; 294; 299; 535).

2.1.2.2. Structure

KIT est un récepteur tyrosine kinase de 976 acides aminés, 145 KD (570). Les récepteurs de facteurs de croissance ayant une activité protéine tyrosine kinase ont tous une organisation moléculaire similaire. Ils sont constitués d'un domaine extracellulaire fortement glycosylé où se fixe le ligand, d'une région transmembranaire hydrophobe et d'une région cytoplasmique contenant un domaine catalytique tyrosine kinase (Figure 5) (97; 294).

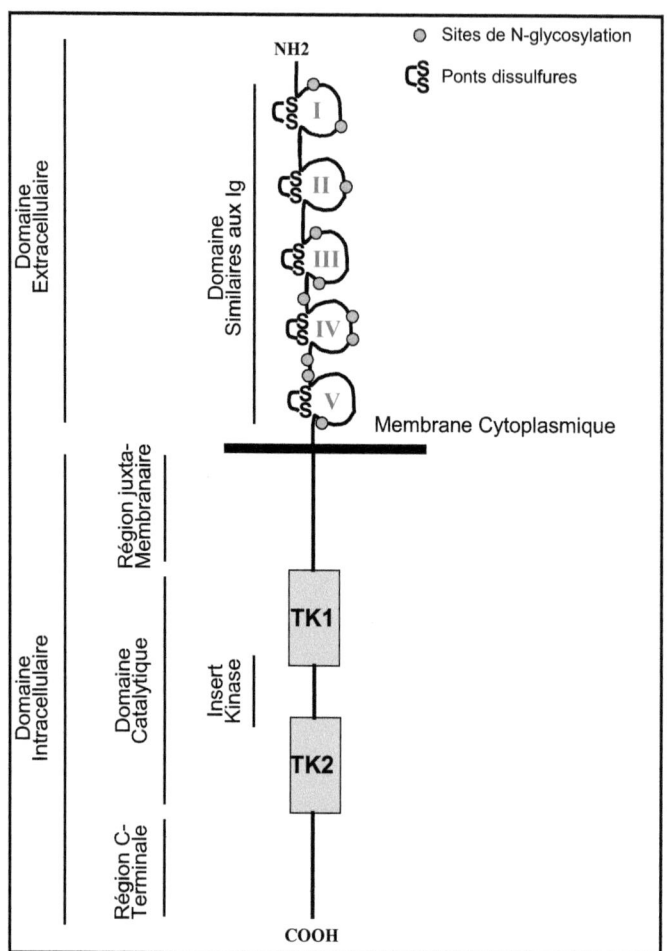

Figure 5 : Schéma du récepteur KIT (503).

> ➢ **La région extracellulaire**

Elle est constituée de 5 domaines similaires aux immunoglobulines, et est fortement glycosylée (11 sites potentiels). Cette région possède un faible niveau d'homologie avec les autres récepteurs de la même famille (27 % avec CSF-1R et 19 % avec PDGFR) puisqu'elle définit des sites de liaisons spécifiques de ligands différents (570). S'il est admis depuis longtemps que le ligand se fixe au niveau des 3 premiers domaines (290; 581), le rôle exact des 2 derniers domaines a été plutôt controversé (284; 286; 424). Mais récemment, la cristallisation de l'ectodomaine de KIT avant et après sa stimulation avec le SCF, a permis de décrypter les étapes de dimérisation du récepteur suivant la liaison du ligand (577). L'étude a montré que le SCF se liait bien sous la forme d'un dimère au niveau des 3 premiers domaines Ig-like du récepteur. Ceci conduit à un changement d'orientation des domaines 4 et 5, qui est nécessaire au rapprochement avec une deuxième molécule de KIT. L'étude précise également que l'interaction au niveau des domaines 4 de chaque monomère de KIT est la plus importante, tandis que celle des domaines 5 est plus secondaire (577). Le cinquième domaine porterait en outre un site de clivage protéolytique qui permettrait le relarguage du récepteur de la surface cellulaire (54).

> **La région transmembranaire**

Elle est hydrophobe et constituée de 23 acides aminés (codée par l'exon 10). Elle ne semble pas jouer de rôle essentiel dans la transmission du signal, mais permet l'ancrage du récepteur à la membrane.

> **La région intracellulaire**

↪ *La zone juxtamembranaire :*

Elle est codée par l'exon 11, sépare la région transmembranaire de la région cytoplasmique, dont la séquence varie d'une sous-famille de protéine tyrosine kinase à l'autre, mais qui est conservée parmi les membres d'une même sous-famille. Cette zone, qui adopte une conformation spécifique selon l'état d'activation du récepteur, serait impliquée dans la régulation négative de KIT (73).

↪ *Le domaine tyrosine kinase (347) :*

Il est le domaine le plus conservé parmi les récepteurs tyrosine kinase. Il possède un site de la liaison à l'ATP et un site phosphotransférase séparés par une insertion de 77 acides aminés (570). L'activité kinase est indispensable à la transmission du signal et à l'induction des réponses cellulaires précoces et tardives, telles la mitogenèse et la transformation. Cette activité est également essentielle au passage des récepteurs dans les lysosomes après interaction avec le ligand. L'insert kinase possède des sites d'autophosphorylation pouvant réguler l'interaction avec les substrats.

⇨ *La séquence C-terminale :*

Elle est celle qui diverge le plus dans les récepteurs tyrosine kinase et fonctionne comme un domaine régulateur (500). Plusieurs sites d'autophosphorylation se trouvent en général dans cette région. Ces sites d'autophosphorylation, très conservés parmi les récepteurs d'une même sous-famille, semblent être capables d'empêcher l'interaction avec les substrats.

2.1.2.3. Le ligand : Stem Cell Factor

KIT a pour ligand le Stem Cell Factor (SCF) également appelé KIT Ligand (KL) ou Steel Factor (SLF) ou encore Mast Growth Cell Factor (MGF) (18; 71). Le SCF est une glycoprotéine largement produite dans l'organisme par les cellules stromales, les fibroblastes, les cellules endothéliales, les cellules de Sertoli et les cellules de la granulosa.

En synergie avec des cytokines (EPO, TPO, GM-CSF, G-CSF, IL-3, IL-6, IL-7), le SCF est un important facteur de croissance pour les cellules hématopoïétiques primitives mais aussi pour de multiples lignées cellulaires (52; 287; 399). SCF peut même induire la sécrétion d'autres cytokines (248).

Le *SCF* a été cloné et caractérisé en 1990 (586; 587). Le gène du SCF est localisé au niveau du Steel locus en 12q22 et comprend 9 exons. L'ARNm de 1,4 Kb subit un épissage alternatif au niveau de l'exon 6 générant 2 transcrits menant à une forme soluble (sSCF) et à une forme membranaire (mSCF) (voir Figure 6).

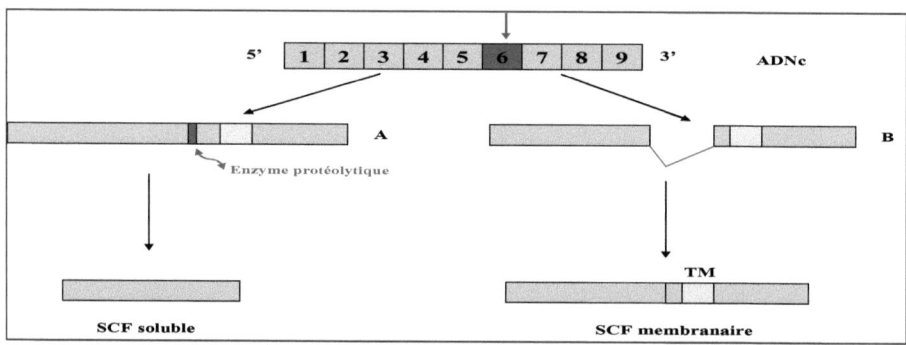

Figure 6 : Génération des isoformes de SCF (503).

- Le transcrit de plus grande taille génère tout d'abord une protéine de 45 kD (248 acides aminés) précurseur de la forme soluble du SCF (A). Celle-ci est exprimée à la membrane puis subit un clivage protéolytique par la métalloprotéinase 9 (189) au niveau de la région codée par l'exon 6, générant une protéine soluble de 31 kD (163 acides aminés), correspondant au domaine extracellulaire du SCF (sSCF) (311; 379).

- Le transcrit de plus petite taille génère une protéine de 32 kD (220 acides aminés) (B) qui ne contient pas le site de clivage de l'exon 6. Le domaine transmembranaire est ainsi conservé ; c'est la forme membranaire du SCF (mSCF). On peut noter toutefois que cette forme peut aussi générer une protéine soluble sous l'effet de protéases. Ce second site de clivage se situe au niveau de la région codée par l'exon 7 chez la souris (208; 379).

L'importance et le rôle biochimique des 2 formes ne sont pas entièrement élucidés. Cependant, des différences entre les 2 formes du ligand ont été observées au niveau de l'activation du récepteur dans des cellules hématopoïétiques :

- Dans le cas de sSCF, la phosphorylation des tyrosines de KIT est rapide (quelques minutes), suivie par une diminution de la phosphorylation. Cette diminution coïncide avec l'internalisation du récepteur et son endocytose, menant en dernier lieu à la dégradation du récepteur (164).

- Au contraire, la phosphorylation de KIT par mSCF persiste sur une période beaucoup plus longue. Cette persistance a été attribuée à l'augmentation de la stabilité du récepteur KIT à la surface de la cellule après stimulation par mSCF, et donc à une moindre internalisation du récepteur (345). *In vivo*, mSCF est présumée être la forme physiologique du ligand. C'est elle qui induirait la prolifération la plus importante (232).

Des différences entre les 2 formes du ligand ont aussi été observées au niveau de la transmission du signal. En effet, la réponse mitogénique au sSCF passerait soit par PI3-kinase soit par PLCγ, alors que celle de mSCF passerait obligatoirement par PLCγ (165). Il existerait aussi une modulation des MAP kinases : ERK serait préférentiellement activé par mSCF, tandis qu'il s'agirait de p38 pour sSCF (232).

SCF fonctionne comme un homodimère non covalent mais en condition physiologique, SCF existe majoritairement sous forme de monomère (206). La dimérisation du SCF est un processus dynamique qui joue un rôle dans l'activation du récepteur KIT. La structure cristallographique du dimère de SCF a été déterminée, chaque protomère comprend 4 hélices α et 1 feuillet β, les 2 protomères interagissant ensemble pour former un dimère allongé (581). Cette dimérisation non covalente est sensible au pH et à la force ionique (301).

Les formes solubles et membranaires de SCF induisent la dimérisation du récepteur KIT (233; 486). Mais la forme dimérique du ligand serait plus active biologiquement que la forme monomérique (17; 206).

2.1.2.4. Activation du récepteur

Blume-Jensen est le premier à montrer les effets de l'activation de KIT par son ligand sur la dimérisation du récepteur et sur la réorganisation de l'actine et le chimiotactisme pour les cellules exprimant KIT (42).

KIT est activé par la liaison de son ligand spécifique, le SCF (555), ce qui permet son recrutement au niveau des rafts lipidiques (217), puis sa dimérisation et la transduction du signal. Les rafts lipidiques, appelés aussi microdomaines plasmatiques, sont caractérisés par la présence de grande quantité de cholestérol, de sphingolipides et de groupements glycosylphosphatidyl-inositol liant des protéines ; ils contiennent des protéines de signalisation intracellulaire comme les SFK (Src Family Kinase) et permettent non seulement leur séparation physique pour éviter toute activation « inopinée », mais aussi leur rapprochement lorsque le signal d'activation est donné (comme l'activation de KIT par son ligand) (217).

Au niveau biochimique (Figure 7), la liaison de l'homodimère de SCF à un monomère de récepteur induit, comme pour tous les récepteurs à activité tyrosine kinase transmembranaires, une dimérisation, une modification de la conformation qui permet la transactivation du domaine kinase intrinsèque puis une autophosphorylation du récepteur (42; 97; 190; 577). Les études de liaison avec le SCF (394) et de cristallisation (347; 577) ont permis de montrer que le rapprochement physique des monomères, qui fait suite à la liaison du ligand, est nécessaire et suffisant à la transphosphorylation du récepteur. En outre, la phosphorylation de résidus tyrosines sur le domaine intracellulaire de KIT crée des sites de reconnaissance pour des protéines ayant des motifs SH2. La conformation, alors bloquée du récepteur, favoriserait l'interaction avec les substrats cellulaires et leur phosphorylation (187; 500; 581).

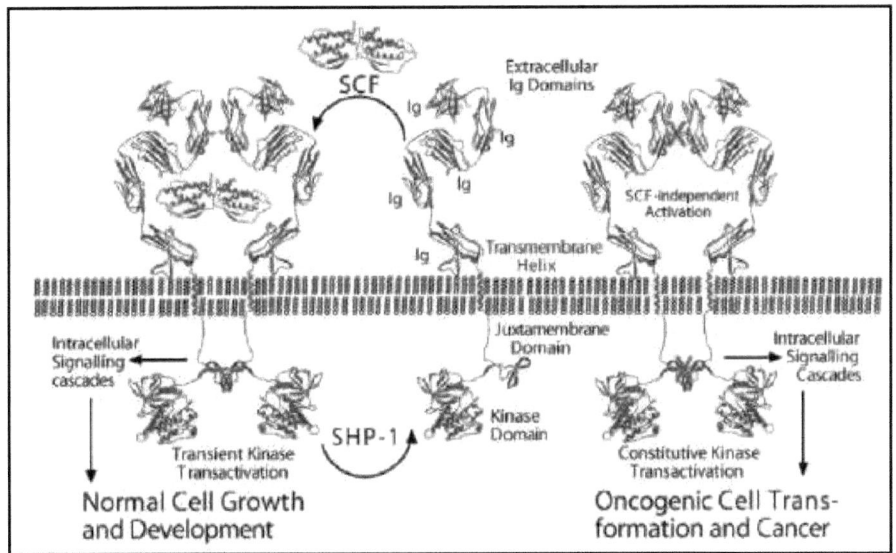

Figure 7 : Schéma de l'activation du récepteur KIT (347).
Dans un état physiologiquement activé KIT existe sous la forme d'un monomère à la membrane cellulaire (au centre). La liaison du SCF induit la dimérisation du récepteur et s'active lui-même en trans par phosphorylation de résidus tyrosine. Ces résidus activent une cascade de signalisation intracellulaire qui détermine une réponse cellulaire spécifique. Cette activation est transitoire du fait de la régulation négative de l'activité kinase, telle que la tyrosine phosphatase SHP-1 (à gauche). La présence de mutations oncogéniques sur KIT (X) cause une activation indépendante du SCF, qui est responsable de la transformation cellulaire dans différents cancers.

KIT, comme beaucoup d'autres kinases, existe sous 2 états transitoires : conformation active ou inhibée (346). Dans le cas de KIT, comme pour d'autres RTK III, c'est le domaine juxtamembranaire qui fonctionne comme un domaine auto-inhibiteur. Ainsi, dans l'état inactif, la région juxtamembranaire forme une boucle qui se place entre les lobes C et N de la région kinase au niveau du motif DFG (Asparagine-Phénylalanine-Glycine) (Figure 8). Plus précisément, trp557 prend la place occupée par phe811 du motif DFG dans la conformation active. Phe811 est alors tourné vers le site de liaison de l'ATP et le bloque. Le domaine auto-inhibiteur se comporte ainsi comme un pseudo-substrat (346). La mutagenèse dirigée a permis de montrer que les résidus 557 à 560 étaient effectivement les plus importants pour l'interaction entre le domaine auto-inhibiteur et le domaine kinase (73; 304). Les valines 559 et 560 notamment, sont impliquées dans des liaisons hydrophobes avec val643, tyr646, cys788 et ile789 (346).

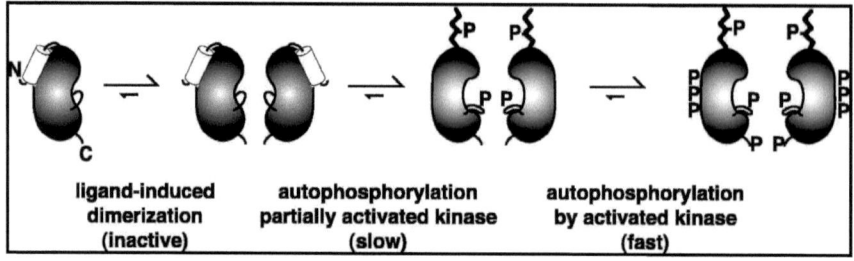

Figure 8 : Modèle d'activation de KIT et rôle de l'auto-inhibition du domaine JM (73).
Le domaine juxtamembranaire ici représenté sous forme d'un cylindre ; P = résidus phosphotyrosines. Avant stimulation, les monomères de KIT sont auto-inhibés par l'interaction entre le domaine JM et le lobe N-terminal de la kinase. La dimérisation induite par le ligand conduit à une autophosphorylation à bas-régime du récepteur. Une fois phosphorylé, le JM perd sa structure secondaire et relâche le lobe N-terminal. La kinase ainsi libérée subit alors une autophosphorylation plus rapide, caractéristique de l'état activé.

2.1.2.5. Voies de signalisation intracellulaires

De manière générale, la signalisation intracellulaire est vaste et très complexe puisque plusieurs voies différentes peuvent interagir entre elles et que la réponse à un stimulus en particulier peut varier selon le type cellulaire et selon le niveau de différentiation et d'activation des cellules (286). La plupart des études étant réalisées dans des lignées hématopoïétiques, les résultats rapportés ici doivent être considérés comme des pistes de recherche pour la signalisation de KIT dans les GISTs. Les voies clairement démontrées dans les GISTs seront abordées dans le chapitre correspondant.

De façon schématique (Figure 9), cinq voies principales sont utilisées par les RTKs, comme KIT : JAK/STAT, PI3K/AKT, PLCγ, Src et Ras/MAPK ; elles aboutissent à la régulation de gènes dans le noyau. Chacune de ces différentes voies vont être initiées, suite à la phosphorylation de tyrosines du récepteur spatialement définies. Les RTKs contiennent, en effet, plusieurs tyrosines dans leurs domaines cytoplasmiques, qui vont être autophosphorylées, transphosphorylées ou phosphorylées par d'autres protéines lors de l'activation du récepteur (179). Dans le cas de KIT, l'activation par son ligand en situation physiologique, induit une autophosphorylation de différents résidus tyrosine : tout d'abord Y568 et Y570, puis Y703, Y721, Y730, Y900, Y936 et enfin Y823 (347). Ces tyrosines phosphorylées sont des sites de liaison pour des protéines intracellulaires à domaines SH2, qui servent elles-mêmes d'ancrage pour de nombreuses protéines de signalisation (424).

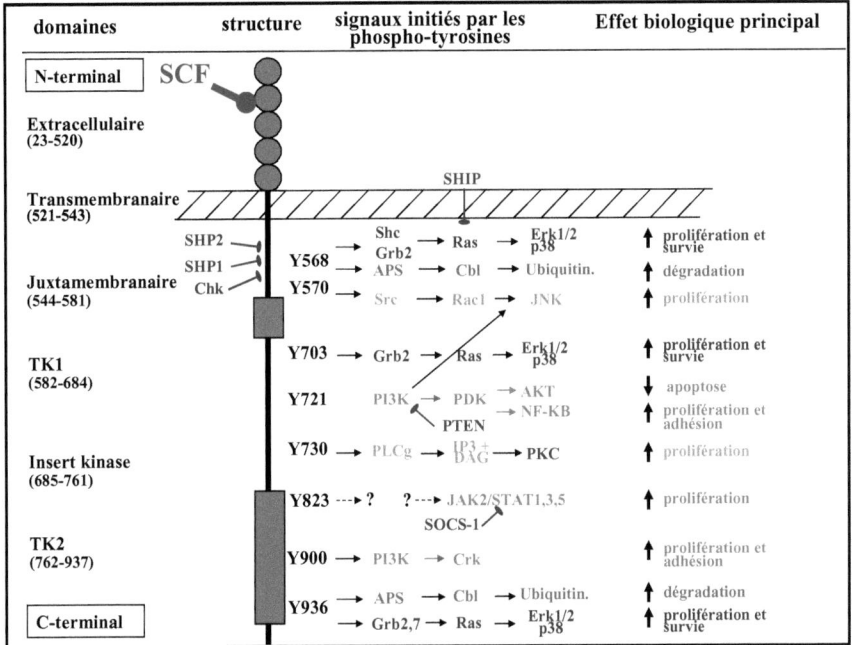

Figure 9 : Voies de signalisation activées par KIT et leurs effets biologiques.
Les signaux d'activation sont indiqués par des flèches ⟶. Les couleurs utilisées ont pour objectif de repérer plus facilement les voies de signalisation similaires et leur effets biologiques. Les régulations négatives sont indiquées par des traits arrêtés ⊣). Le résidu tyrosine Y823 est un site majeur de phosphorylation du récepteur, mais aucune voie particulière ne semble lui être spécifique. La voie JAK/STAT est décrite de manière inconstante et n'a pas été reliée à un résidu tyrosine particulier.

> **La voie Ras/Raf/MAPK**

C'est une voie complexe menant à l'activation des MAPKs (Figure 10). La famille des MAPKs est constituée de 4 groupes distincts : ERK1 et ERK2 (Extracellular signal-Related Kinases), les p38α/β/γ/δ, JNK1 à 3 (c-Jun NH2-terminal Kinase) aussi appelées SAPK1-3 (Stress-Activated MAP Kinase) et plus récemment ERK 5, encore appelée BMK-1 (Big MAP kinase-1) (583). Elles sont toutes activées par la phosphorylation d'une thréonine et d'une tyrosine, séparées par un acide aminé (120). Elles phosphorylent elles-mêmes des protéines sur des résidus sérines ou thréonines suivis d'une proline (74). Les acides aminés autour de ce motif assurent une plus grande spécificité d'interaction.

- le groupe des MAPK **ERK** (Extracellular signal-Related Kinases)

Les ERK sont activées par RAS, suite à son association au complexe de la protéine Grb2 (growth factor receptor bound protein-2) et de la protéine SOS (son of sevenless) (139). Sont alors activées en cascade : les MAP kinase kinase kinases (MAPKKK ou MEKK : Raf-1, A-Raf et B-Raf), puis les MAPK kinases (MAPKK, MKK ou MEK : MEK1 et 2), et enfin les MAP kinases ERK1/2 qui se dimérisent et se déplacent dans le noyau (294). L'activation de cette voie entraînent la phosphorylation de nombreux substrats, dont pp90^{rsk} (294), puis la transcription ou la régulation de plusieurs gènes, qui sont impliqués dans la réplication de l'ADN, la prolifération cellulaire et la suppression de l'apoptose (74). Grb2 peut soit se lier directement au récepteur (tyrosines Y703 et Y936) (506) ou indirectement via l'interaction du récepteur avec le domaine SH2 d'autres protéines adaptatrices (Shc, SHP2, Grap...) (422). Shc (SH2 containing transforming protein C1), notamment, est phosphorylé par son interaction avec les tyrosines phosphorylées Y568 et Y570 de KIT (404), et favorise l'association avec Grb2.

- le groupe des MAPK **p38**

Ce groupe est également activé par la protéine Ras-GTP (forme active), mais via des petites protéines liant le GTP de la famille Rho comme Rac et Cdc42 (500). La cascade fait ensuite intervenir : des MAP kinase kinase kinases (MTK1, MLK2/3 et TAK1) qui active des MAPK kinases (MKK3/4/6/7), puis les MAP kinases **p38** (p38α/β/γ/δ) (376).

L'activation de p38 entraîne la production de plusieurs cytokines pro-inflammatoires (IL-1β, TNFα, IL-6), de COX-2, d'iNOS et de molécules d'adhérence. Mais, à la différence des Erks, p38 induit un arrêt de la prolifération, la différentiation cellulaire et l'apoptose (376).

- le groupe des MAPK **JNK** (c-Jun NH2-terminal Kinase)

Comme le groupe précédent, les MAPK **JNK** sont activées par Ras-GTP, puis les petites protéines liant le GTP de la famille Rho (Rac et Cdc42). Ces dernières phosphorylent et activent des MAP kinase kinase kinases (MEKK1/4, MLK et ASK1) qui active des MAPK kinases (MKK4 et MKK7) et enfin les MAP kinases **SAPK/JNK** (Stress-Activated MAP Kinase) (553).

L'activation de JNK entraîne, comme p38, la production de plusieurs cytokines pro-inflammatoires (IL-1β, TNFα, IL-6), de COX-2, d'iNOS, de molécules d'adhésion et est impliqué dans l'arrêt de la prolifération et l'apoptose (100; 500).

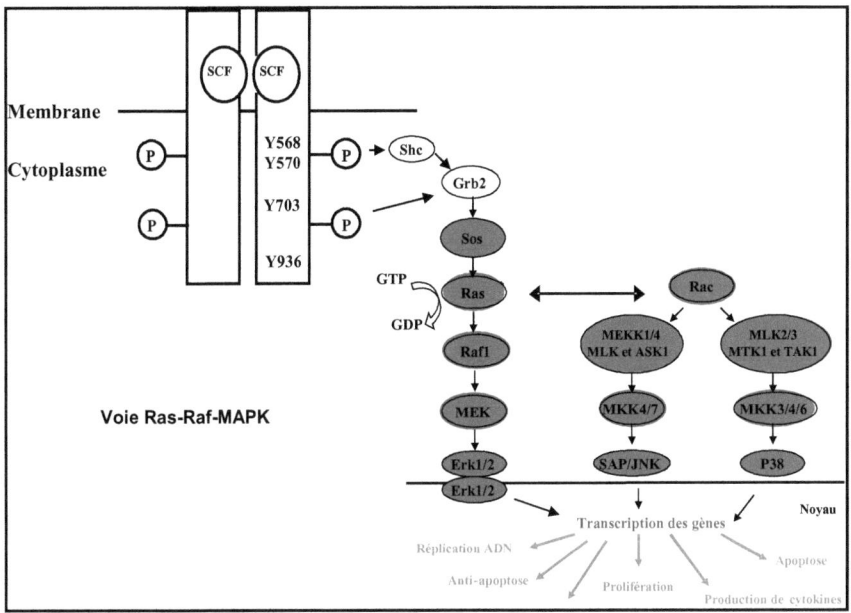

Figure 10 : Activation de la voie Ras-Raf-MAPK induite par KIT (modifié de (503)).
L'activation de Ras s'effectue suite à son association au complexe de la protéine Grb2 et de la protéine SOS. Grb2 peut soit se lier directement au récepteur (Y703 et Y936) ou indirectement via d'autres protéines adaptatrices, comme Shc (Y568/570). Cette voie aboutit à l'activation des MAPK Erk1,2, mais aussi à celle de SAP/JNK et de p38, via l'activation intermédiaire des petites protéines liant le GTP de la famille Rho comme Rac et Cdc42.

> **La voie des protéines Src (SFK) : Src p60, Lck, Lyn, c-Fgr p55, Hck, Blk, Yes, p62, Fyn, Frk ...**

Les protéines de la famille des kinases Src (SFK) interviennent dans la différentiation, la motilité, la prolifération, le trafic des protéines et la survie cellulaire. Leur activité est contrôlée par différentes familles de protéines telles que les intégrines, les cytokines et les RTKs (423; 424).

Un site de liaison entre les domaines SH2 de KIT activé et des SFKs (Figure 11) a été identifié au niveau des tyrosines 568/570, dans la région juxtamembranaire de KIT. Une mutation portant sur ces 2 tyrosines entraîne même une perte complète de l'activation des SFKs (285; 404; 507). La restauration de ces tyrosines dans un modèle de mutagenèse dirigée, a conduit à l'activation des voies RAS/MAPK, Rac/JNK et PI3K/AKT, et a permis aux cellules de retrouver leur capacités de migration, de survie et, partiellement, de prolifération (199).

Lyn, qui est activé par KIT, a des effets opposé sur la signalisation du récepteur : elle active les voies JNK (via Rac1) (507) et STAT3, mais inhibe également la voie PI3K/AKT (464). D'autre part, Lyn (mais probablement aussi Lck, Src et Fyn) phosphoryle Dok-1 qui régule négativement Ras et les MAP kinases ERK1/2 et entraîne une inhibition de la prolifération cellulaire (361).

Les SFKs peuvent phosphoryler spécifiquement KIT au niveau de la tyrosine 900 en réponse au SCF, créant un site de liaison avec le domaine SH2 de la protéine adaptatrice Crk-II (288). Crk-II jouant un rôle dans l'activation des JNK (157).

Enfin, une étude des isoformes GNNK de KIT dans les cellules NIH3T3 a mis en évidence l'implication différentielle des SFKs. En effet, l'isoforme GNNK- entraîne une phosphorylation de Shc plus forte et plus rapide ainsi qu'une dégradation du SCF plus rapide, l'utilisation d'un inhibiteur spécifique de SFK inhibant fortement cette dernière contrairement à l'isoforme GNNK+ (537).

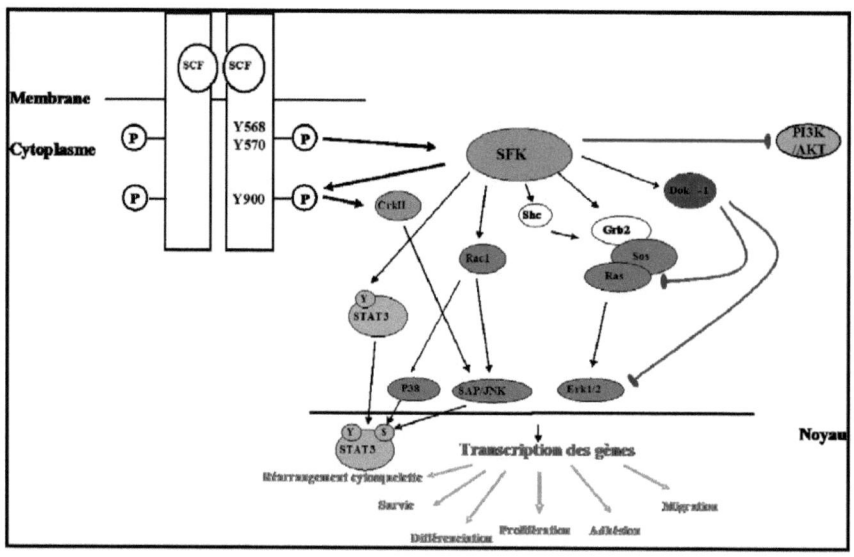

Figure 11 : **Activation de la voie des protéines kinases de la famille Src (SFK) induite par KIT (Modifié de (503)).**

Les signaux d'activation sont indiqués par des flèches →, tandis que les régulations négatives sont indiquées par des traits arrêtés ⊣). Les couleurs utilisées pour les différentes voies de signalisation reprennent celles de la figure 9.

> **La voie de la PI3-kinase**

PI3K (phosphatidylinositol 3-kinase) est une sérine/thréonine kinase sous la forme d'un hétérodimère constituée d'une sous-unité régulatrice de 85 kD (p85) et d'une sous-unité catalytique de 110 kDa (p110) qui phosphoryle des phosphoinositides (PI) en permettant ainsi la production de phosphatidylinositol 3,4,5-trisphosphates [PI(3,4,5)P3] ou PIP3 en phosphatidylinositol 4,5-bisphosphate [PI(4,5)P2] ou PIP2. Cette réaction est régulée par PTEN, une 3'-phosphoinositide phosphatase (43).

L'activation de KIT permet le recrutement de PI3K (Figure 12) via un ou deux domaines SH2 qui vont se lier à la phosphotyrosine Y721 du récepteur. Cela conduit à l'activation allostérique de la sous-unité catalytique p110. PI3K peut être activée également par la liaison directe de Ras-GTP au niveau de la région N-terminal de p110. Les effets des polyphosphoinositides dans la cellule vont être médiés ensuite par la liaison de protéines via deux types de domaines : FYVE ou pleckstrin-homology (PH). Les domaines PH notamment, sont retrouvés dans de nombreuses protéines, telles que les sérine/thréonine kinases PDK-1 (3'-phosphoinositide-dependent kinase-1) et AKT/PKB (homologue cellulaire de l'oncogène viral v-*Akt*, appelé aussi protein kinase B du fait de son homologie à PKA et PKC) (43).

L'interaction de AKT avec les phospholipides va provoquer sa translocation à la membrane où est localisé PDK-1, dont le rapprochement va permettre la phosphorylation de AKT. Ce dernier sera transloqué dans le noyau où résident plusieurs de ses substrats, qui globalement sont : soit des régulateurs de l'apoptose (Forkhead transcription factors, BAD, mTOR, CREB, ...) et du métabolisme (Glycogen synthase kinase-3, phosphodiesterase-3B, insulin receptor substrate-1), soit des régulateurs du cycle cellulaire (FKHR, $p21^{CIP1/WAF1}$, Raf-1) (44; 199; 457).

PDK-1, de son côté, phosphoryle d'autres kinases dont $p70^{S6K}$ qui est également activé par AKT via mTOR (mammalian TOR). La protéine ribosomale $p70^{S6K}$ est impliquée dans l'initiation de la traduction protéique. De plus, outre $p70^{S6K}$, mTOR phosphoryle aussi 4E-BP (eukaryotic initiation factor-4E-binding protein), Stat3 et PKC, et régule la transcription de c-*myc* (43).

PI3K active aussi Rac1 et JNK qui sont associés à la prolifération (507).

Globalement, l'activation de cette voie de signalisation complexe est associée à la mitogenèse, la différenciation, l'adhérence, la sécrétion, la migration et à la réorganisation du cytosquelette (199; 242; 458; 536).

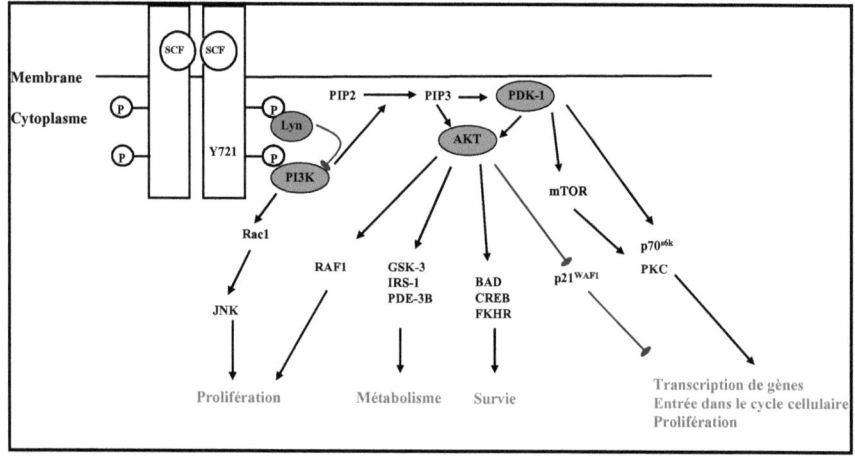

Figure 12 : Signalisation de la voie PI3K/AKT induite par KIT.
Les signaux d'activation sont indiqués par des flèches →, tandis que les régulations négatives sont indiquées par des traits arrêtés ⊣). Les couleurs utilisées pour les différentes voies de signalisation reprennent celles de la figure 9.

> **La voie des protéines JAK-STAT**

Les Janus kinases (JAKs) sont des protéines tyrosines kinases cytoplasmiques, qui sont phosphorylées lorsque le récepteur est activé et phosphorylent en retour le récepteur sur des résidus tyrosines. Dans le cas de KIT, c'est le membre JAK2 qui serait mis en jeu lors de son activation physiologique par le SCF (548). L'activation des JAKs a, entre autres pour conséquence, l'activation des facteurs de transcription STATs (Signal transducers and activators of transcription) (372). Une fois recrutées sur le récepteur et phosphorylées par les JAKs, les STATs se dimérisent (homo- ou hétérodimérisation) et pénètrent elles-mêmes dans le noyau où elles activent la transcription (250). Actuellement, STAT1, STAT3 et STAT5 (a et b) sont les seules protéines de cette voie qui ont été mises en évidence dans la signalisation du récepteur KIT (51; 105; 296; 380). Mais la mise en jeu de cette voie, qui pourrait être particulièrement dépendante du type cellulaire, dans la signalisation de KIT reste controversée (215; 225; 369; 390; 493). On connaît d'ailleurs assez mal le mode d'activation de JAK/STAT par KIT : bien que la région C-terminale semble être importante, aucune tyrosine spécifique n'a été identifiée pour l'activation de cette voie (51).

> **La voie de la phospholipase C-γ (PLC- γ)**

Phospholipase C gamma (PLC-γ) est un membre de la famille des phospholipases spécifiques des phosphoinositides (PI-PLC) qui convertissent PIP2 (phosphatidylinositol 4,5-biphosphate) en DAG (diacylglycérol) et IP3 (inositol 1,4,5-triphosphate). Dix isoenzymes ont été décrits : PLC-β1-4, PLC- γ1-2 and PLC-δ1-4. Alors que les types β s'associent aux protéines G et que le type δ est peu connu, seuls les 2 isoformes du type γ semblent impliquées dans la signalisation des RTKs (556). La PLC- γ1 est ubiquitaire et la PLC- γ2 est principalement exprimé dans les cellules hématopoïétiques (554).

L'interaction de la PLC-γ avec les tyrosines phosphorylées Y730 et Y936 de KIT (165; 191), va avoir des effets multiples (Figure 13). Le DAG va activer PKC, tandis que IP3 va provoquer le relarguage de Ca2+ des stocks intracellulaires. De plus, en hydrolysant PIP2, la PLC-γ va inhiber l'effet de PI3K. Au niveau fonctionnel, cette voie est impliquée dans différentes fonctions telles que la différentiation, la division, la motilité, la survie et la réponse immune (165). Elle a été démontrée notamment comme ayant un rôle central dans la protection SCF-dépendante contre l'apoptose induite par l'irradiation ou les cytotoxiques (305; 400).

Notons toutefois que, au lieu de la PLC, certains auteurs (254; 263) retrouvent la mise en jeu de la phospholipase D (PLD), une phosphodiesterase qui hydrolyse la phosphatidylcholine en acide phosphatidique et en choline en réponse à des stimuli extracellulaires (297). Ceci semble être dépendant de la forme de SCF utilisé ; le SCF soluble conduisant à l'activation de la PLD, contrairement au SCF lié à la membrane (263).

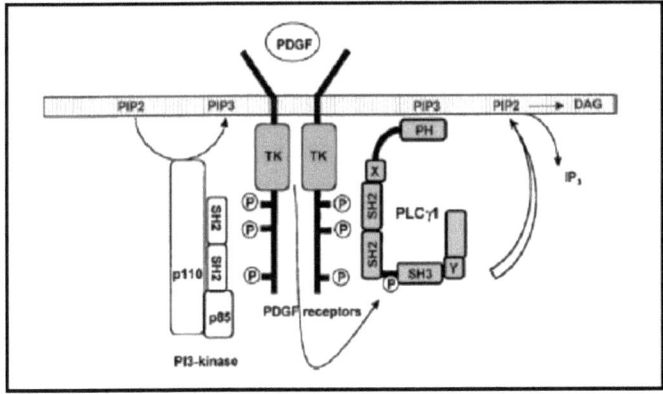

Figure 13 : Signalisation de la voie PLCγ dans l'exemple du PDGFR (554).

2.1.2.6. Les systèmes de régulation négative

> Au niveau du récepteur

- Le niveau d'ARNm et de protéine de KIT peut être régulé négativement par d'autres cytokines (TGF-β, IL4, IL-1, TNFα et β, INF γ) ; dans des modèles hématopoïétiques tout du moins (69; 123; 216; 257; 269; 343; 466; 495; 550).

- La liaison au SCF induit une internalisation rapide du complexe récepteur, qui pourrait comprendre à la fois le récepteur et le ligand (463). L'internalisation du récepteur a tout d'abord été décrite par les puits recouverts de Clathrine (53). Mais plus récemment, il a été montré que l'internalisation de KIT nécessitait aussi que les rafts lipidiques (sorte de plateforme à laquelle se rattacheraient les protéines membranaires) soient intacts (218). L'internalisation, suite à l'activation du récepteur par le SCF, mettrait en jeu Src et c-cbl, et nécessite la phosphorylation des tyrosines 567 et 569 de KIT murin (568 et 570 chez l'homme) (50; 53; 140; 558). L'ubiquitination des RTKs est médiée par les E3 ubiquitine ligases, dont Cbl est un représentant, et aboutit à leur dégradation par le protéasome ou la voie lysosomale (voir pour revue (505)). Récemment il a été clairement démontré que cette voie cbl-dépendante était mise en jeu dans le rétrocontrôle négatif de KIT (Figure 14) (316; 483; 579). La phosphorylation de Cbl par les SFKs pourrait être nécessaire à son recrutement (579) et son interaction avec KIT, qui peut être, soit directe entre son domaine TKB et les tyrosines phosphorylées 568 et 936 du récepteur (316), soit indirecte par l'intermédiaire de protéines adaptatrices, telles que APS (au niveau des tyrosines 568 et 936 de KIT) (207; 559) et Grb2 (au niveau des tyrosines 703 et 936 de KIT) (483). La dégradation de KIT médiée par le processus d'ubiquitination semble être majoritairement lysosomale et minoritairement protéasomale (316).

- D'autre part, une étude a mis en évidence dans les cellules hématopoïétiques MO7e l'association de KIT avec des molécules de la surface cellulaire, les tetraspanines CD9 CD63 et CD81, après son activation par le SCF. Alors qu'une majorité de KIT est internalisée après activation par le SCF, une partie reste complexée au sein de la membrane plasmique. Cette proportion de récepteur, phosphorylée mais peu sensible à une nouvelle activation par le SCF, permettrait à la cellule de ne pas consommer la totalité de son pool de récepteur KIT (15).

- Enfin, la forme soluble de KIT pouvant être relarguée par la cellule après son activation, le SCF peut être antagonisé par liaison compétitive (52; 54; 96; 290).

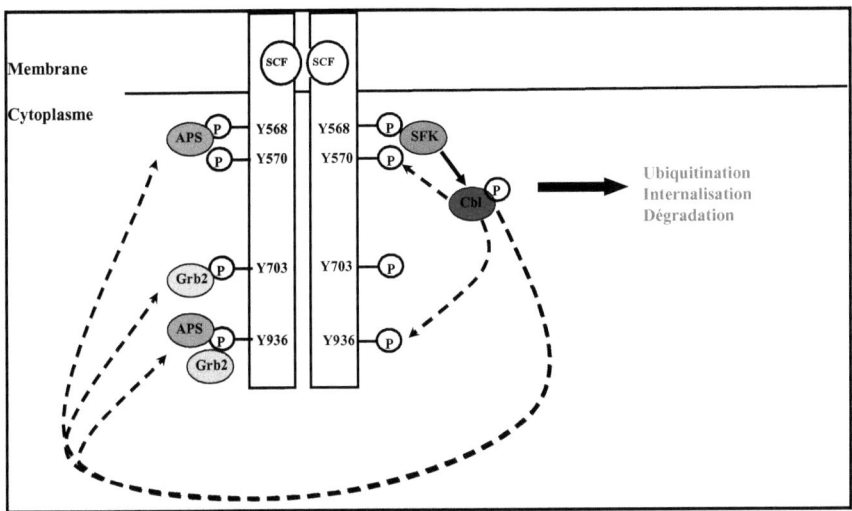

Figure 14 : Voie de dégradation du récepteur par cbl et ubiquitination.
La phosphorylation de Cbl par les SFKs permet son recrutement par KIT. Cette interaction peut être, soit directe entre son domaine TKB et les tyrosines phosphorylées 568 et 936 du récepteur, soit indirecte par l'intermédiaire de protéines adaptatrices, telles que APS (au niveau des tyrosines 568 et 936 de KIT) (207; 559) et Grb2 (au niveau des tyrosines 703 et 936 de KIT).

> ➢ **Au niveau des voies de signalisation** (Figure 15)

Des régulations négatives de l'activité et des fonctions de KIT sont effectuées par des protéines kinases et des phosphatases. L'activation de ces protéines régulatrices est aussi dépendante de l'interaction de protéines adaptatrices à des sites spécifiques sur KIT (294; 366; 422; 500; 507; 559).

- PKC (Protein Kinase C)

PKC est une grande famille de sérine/thréonine kinases, impliquées dans la régulation négative de plusieurs RTKs (286). PKC, qui est activée par la PLC-γ, phosphoryle les résidus sérine S741 et S746 situées dans la région insert kinase de KIT, ce qui inhibe l'activité kinase du récepteur ainsi que celle de PI3K (45; 46). D'autre part, l'activation de PKC conduit au clivage protéolytique du domaine de liaison au ligand de KIT (572; 573). Parmi les 11 membres de la famille PKC, la surexpression de PKCθ observée dans les GISTs (6; 124; 362), ainsi que sa spécificité dans les cellules de Cajal (401; 402; 472), suggèrent que c'est cette isoforme qui est impliquée dans la signalisation de KIT des cellules mésenchymateuses digestives.

- <u>SHP-1 (Src Homology 2 domain-containing tyrosine Phosphatase 1)</u>
Aussi nommée SHPTP-1, HCP et PTP1C, c'est une phosphotyrosine phosphatase (PTP) cytosolique qui peut déphosphoryler directement un récepteur, ou indirectement par une protéine associée (145). SHP-1 interagit avec Y569 du récepteur murin (Y570 chez l'homme) et le régule négativement (264; 300; 388). Son action pourrait être dépendante du type cellulaire, car son absence n'a pas d'effet sur la prolifération des mastocytes (300). SHP-1 est également impliquée dans la régulation négative de diverses protéines de signalisation (Vav, Grb2...) (255).

- <u>SHP-2 (Src Homology 2 domain-containing tyrosine Phosphatase 2)</u>
Aussi nommée Syp ou PTP1D, elle partage 60 % d'identité de séquence avec la SHP-1. Les deux phosphatases ont plusieurs substrats en commun, comme KIT, Grb2 et PI3K (355). Contrairement à SHP-1, qui a été principalement décrit dans les lignées hématopoïétiques, SHP-2 a une distribution plus large dans la majorité des tissus. Son rôle peut être également ambivalent : elle pourrait jouer un rôle positif dans la signalisation à un stade précoce des cellules et un rôle négatif dans des cellules plus différenciées (294). SHP-2 interagit avec Y567 du récepteur KIT murin (Y568 chez l'homme) mais ne bloque pas la prolifération induite par le SCF dans des cellules BaF3 transfectées avec le récepteur KIT murin (264). De plus, SHP-2 aurait des effets opposés sur les MAPKs : elle active la signalisation reliée aux ERKs (499) mais inhibe la signalisation dépendante de JNK (462).

- <u>SHIP-1 (SH2-containing Inositol Phosphatase 1)</u>
Elle fait parti des trois phosphatases responsables de la déphosphorylation des différents phospholipides d'inositol et inhibe ainsi l'action de la PI3K. SHIP a été décrit comme un régulateur négatif de la dégranulation induite par le SCF dans des BMMC (210) et participe à un complexe avec Dok-1 et de multiples protéines de signalisation (524).

- PTEN (Phosphatase and tensin homolog deleted on chromosome TEN)

Elle est une autre phosphatase responsable de la déphosphorylation des différents phospholipides d'inositol. PTEN agirait de façon constitutive afin de réguler le niveau cellulaire d'IP3 (266).

- SOCS (Suppressor of cytokine signalling)

Les protéines SOCS (SOCS 1, 2, 3 et CIS) sont des inhibiteurs de la voie de signalisation JAK-STAT. L'expression de ces protéines est induite par les STATs, elles se lient et inhibent les kinases JAK et Tec. Les SOCS peuvent aussi agir comme molécule adaptatrice et faire le pont entre certains récepteurs et des kinases (Grb2, Nck, PI3K, Fyn, Itk...) (158).

La surexpression de SOCS-1 diminue la réponse proliférative au SCF (104). Plusieurs mécanismes pourraient rendre compte de cette fonction inhibitrice : inactivation de JAK, de Tec, et compétition pour la fixation d'une molécule effectrice. Elle pourrait résulter de l'inhibition de la fonction d'autres protéines avec lesquelles SOCS-1 interagit (Pyk2, Vav, Grb2, Nck...). Récemment, SOCS-6, qui a été mise en évidence comme protéine de liaison à KIT (au niveau de la tyrosine 567), diminue la prolifération cellulaire au SCF et l'activation de ERK1/2 et de p38 (28).

- CHK (Csk homology kinase)

CHK (C-terminal Src homology kinase) catalyse la phosphorylation d'une tyrosine régulatrice des SFKs, ce qui a pour effet de les inhiber (404). Or le site de liaison de CHK, au niveau des tyrosines 568 et 570 de KIT, étant identique à celui des SFKs, il est probable que chacun puisse se lier sur un monomère de KIT différent. La dimérisation du récepteur permettrait ainsi leur rapprochement, et donc la régulation des SFKs par CHK (423).

- PTP-RO (Receptor protein tyrosine phosphatase)

Taniguchi a mis en évidence une activation de cette protéine qui est associée à KIT durant la différenciation mégacaryocytaire (496). Toutefois, le rôle de cette phosphatase est inconnu.

- la neurofibromine

L'activation de Ras par KIT peut être modulée par la neurofibromine, activatrice de GTPase, qui catalyse la transformation de Ras-GTP (active) en Ras-GDP (inactive) (580).

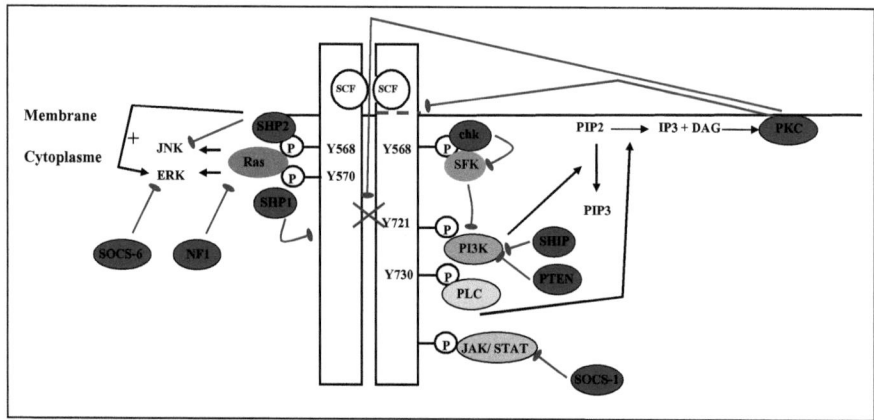

Figure 15 : Schéma général de régulation des voies de signalisation du récepteur KIT.
Les signaux d'activation sont indiqués par des flèches →, tandis que les régulations négatives sont indiquées par des traits arrêtés ⊣). Les couleurs utilisées pour les différentes voies de signalisation reprennent celles de la figure 9. PKC a un effet régulateur sur l'activité de KIT, en inhibant l'activité kinase du récepteur par la phosphorylation des résidus sérine S741 et S746 d'une part, en conduisant au clivage protéolytique du domaine extracellulaire d'autre part.

2.1.3. Le proto-oncogène PDGFRA

PDGFRA, comme KIT, appartient à la famille des RTK de classe III (43). Les 2 gènes qui sont liés et séparés chez l'homme de seulement 150 kb sur le chromosome 4 (235), pourraient descendre d'un ancêtre commun. En effet, l'organisation des différents domaines est similaire (Figure 16) et l'homologie entre les deux récepteurs est assez élevée : 35 % en global, 19 % pour la partie extracellulaire qui porte le site de liaison du ligand, mais près de 70 % pour les domaines à activité kinase de la portion cytoplasmique (
Figure 17) (570) et
http://www.ncbi.nlm.nih.gov/blast/bl2seq/wblast2.cgi?one=47938802&two=5453870&prot=blastp&expect=300). Le gène du *PDGFRA* a été caractérisé en 1989 (86) mais son rôle dans la tumorigenèse des GISTs n'a été découvert qu'en 2003 (183).

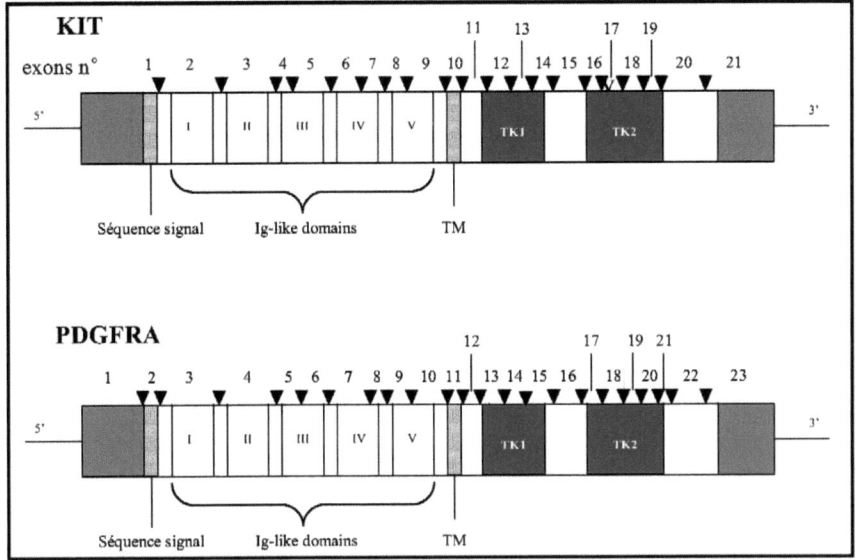

Figure 16 : Comparaison de l'organisation des exons des gènes *KIT* et *PDGFRA*.

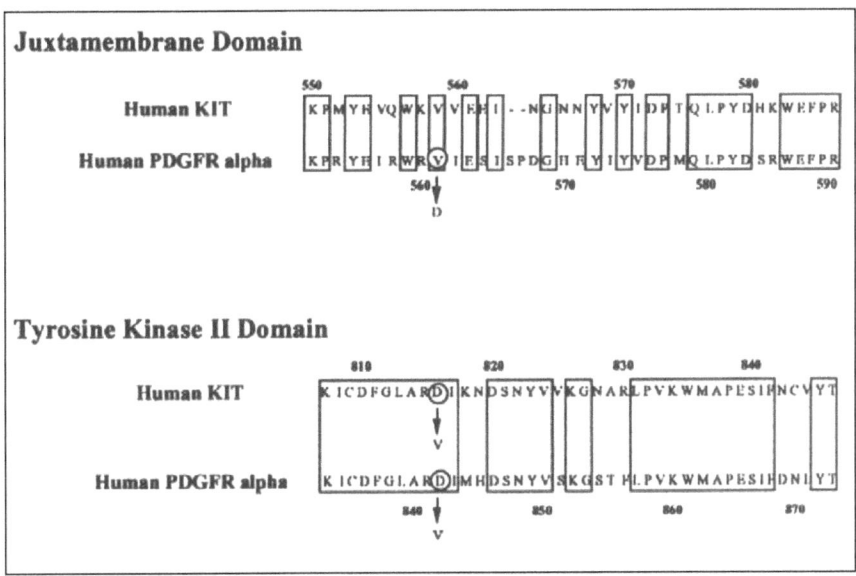

Figure 17 : Homologie des domaines juxtamembranaire et kinase II, entre *KIT* et *PDGFRA* (197).

Le PDGFRα correspond en fait à une des 2 chaînes du récepteur au PDGF, la deuxième étant le PDGFRβ. Ces 2 chaînes peuvent s'homo- ou s'hétérodimériser selon le type dimères de PDGF qui se présente. En effet, il existe 4 formes de PDGF (A à D), qui peuvent se dimériser sous différentes combinaisons. Quatre dimères de PDGF (AA, AB, BB et CC) sont ainsi capables d'activer un homodimère de PDGFRα. Tandis que seuls les dimères PDGF-BB et – DD peuvent se lier à un homodimère de PDGFRβ (Figure 18) (voir pour revue (146). Les différents ligands ne sont pas pour autant redondants ; le PDGFA et C seraient plus spécifiques du PDGFRA, tandis que PDGFB et D joueraient un rôle mineur pour ce récepteur (35).

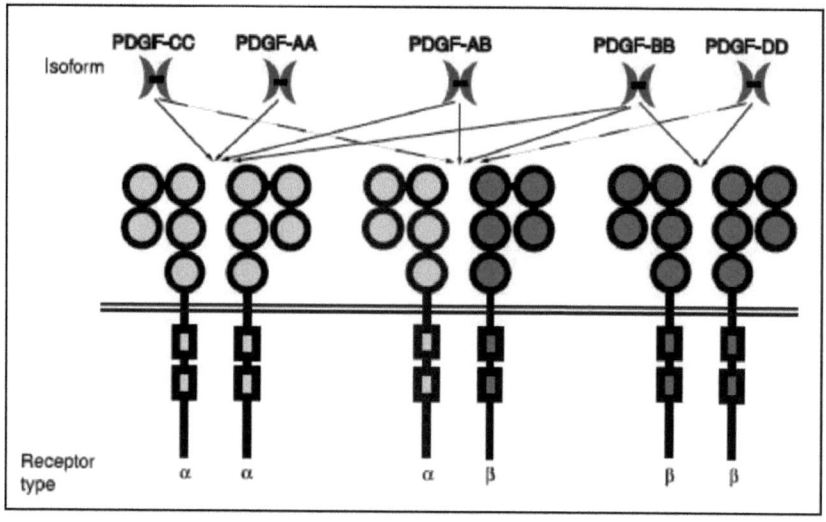

Figure 18 : Illustration schématique des différentes combinaisons de PDGF-PDGFR (146)
La capacité des cinq dimères de PDGF à lier les homo- et hétérodimères du PDGFR est indiquée par les flèches pleines. Les flèches pointillées indiquent que les récepteurs hétérodimères peuvent être activés.

Les études réalisées dans des modèles de souris knock-out pour le PDGFRA ou le PDGFA ont montré que le PDGFRA, comme son principal ligand, étaient exprimés dès les premières étapes du développement. Dans les organes développés, l'expression de PDGFA est observée dans les structures épithéliales tandis que le PDGFRA est plutôt retrouvé dans la zone mésenchymateuse de ces organes (353). Ces résultats suggèrent une fonction paracrine du

PDGFA pendant l'embryogenèse ; l'épithélium exprimant le PDGFA apporterait des signaux de migration, de prolifération ou autres pour soutenir ou envelopper les tissus conjonctifs en développement. La signalisation via PDGFRA/PDGFA a notamment été décrite dans la formation des villosités intestinales (234). En effet, durant le développement de l'intestin, PDGFA est initialement exprimé au niveau de l'épithélium, tandis que le PDGFRA est exprimé dans la couche de cellules mésenchymateuses immédiatement sous-jacente. Les autres organes ou structures dont le développement nécessite la mise en jeu de la signalisation PDGFRA/PDGFA sont : les alvéoles pulmonaires, le derme, les follicules pileux, les oligodendrocytes, les astrocytes de la rétine, la crête neurale, les testicules et les muscles squelettiques (35).

Les modèles de souris qui expriment les mutants nuls du PDGFRA présentent un phénotype plus sévère que ceux du PDGFA. Parallèlement, les souris knock-out pour PDGFC ont un phénotype identique à celles pour le PDGFA. Ces résultats suggèrent que le PDGFC (exprimé également dans l'épithélium gastro-intestinal en développement), pourrait jouer le rôle de remplaçant (35).

Chez l'homme ces facteurs de croissance sont produits et sécrétés par les mégacaryocytes, les cellules endothéliales vasculaires, les macrophages, les fibroblastes, et les cellules musculaire lisses (293; 425). Les cellules d'origine mésenchymateuse, comme les chondrocytes, sont la cible des PDGFs, dans lesquels ils stimulent la prolifération et la différentiation (170).
A part les GISTs, d'autres cancers humains sont associés à une activation du PDGFRA : amplification génique dans certains glioblastomes, translocation chromosomique à l'origine d'une protéine fusion FIPL1-PDGFRα dans les syndromes hyperéosinophiles idiopathiques, et boucles autocrines dans certains sarcomes (397).

2.2. PATHOGENESE

2.2.1. Rôle des mutations activatrices dans la physiopathologie des GISTs

2.2.1.1. Importance dans la tumorigenèse des GISTs

Les mutations activatrices de *KIT* ont été rapportées dans les GISTs pour la première fois par Hirota qui décrivait des délétions et des mutations ponctuelles dans l'exon 11 (domaine juxtamembranaire) (194). Ces mutations du domaine juxtamembranaire sont effectivement les plus fréquentes dans les GISTs, mais d'autres types de mutations, toutes activatrices, ont rapidement été identifiés touchant l'exon 9 et 13 (303), puis l'exon 17 (433).

Ces mutations sont dit activatrices car le récepteur KIT est alors activé (phosphorylé) de manière constitutive (c.a.d. indépendamment de la liaison du ligand) et permet ainsi aux cellules qui l'expriment d'acquérir un pouvoir transformant in vitro (194).

D'un point de vue mécanistique, l'activation spontanée de KIT, indépendamment de la liaison du ligand, entraîne une dimérisation, une activation du domaine kinase intrinsèque puis une autophosphorylation du récepteur qui déclenche une cascade de transduction de signaux (194; 195; 251; 488; 515; 517). Néanmoins, certaines mutations, comme les mutations touchant le domaine kinase, semblent pouvoir être à l'origine de l'activation du récepteur sans dimérisation (251; 515).

L'importance des mutations activatrices dans les GISTs a été illustrée grâce à différentes études. Tout d'abord la présence de mutations dans de petites GISTs (1 cm ou moins découvertes fortuitement) (2; 90), et même dans la muqueuse normale entourant la tumeur (373), ainsi que les mutations héréditaires à l'origine des GISTs familiales (29; 64; 85; 177; 196; 198; 214; 238; 276; 291; 308; 367; 371), suggèrent qu'il s'agit d'un évènement très précoce dans la genèse de ces tumeurs, avant même les aberrations chromosomiques (187). De plus, les extraits protéiques de GISTs contiennent effectivement les récepteurs KIT ou PDGFRA sous une forme activée (phosphorylée), tandis que leur inhibition dans des lignées de GISTs bloque la croissance cellulaire (181; 359; 498; 519). Par ailleurs, 2 modèles de souris transgéniques, avec des mutations activatrices de *KIT* (V558del et K641E), ont développé des tumeurs morphologiquement proches des GISTs (431; 471). Enfin, Heinrich et al suggèrent que ces tumeurs restent dépendantes de l'activation de l'une ou l'autre des kinases, puisque des mutations secondaires conférant la résistance apparaissent sous la pression de l'imatinib (181).

2.2.1.2. Effets spécifiques des mutations

> **KIT**

<u>Exon 11 : domaine juxtamembranaire</u>

Les mutations des résidus 556 à 560 déstabilisent le domaine auto-inhibiteur en diminuant l'affinité avec le lobe N-terminal de la poche ATP du domaine kinase, ce qui conduit à la dimérisation du récepteur indépendamment du ligand et à son activation constitutive (73; 251; 304; 497).

D'autre part, la liaison des substrats intracellulaires, tels que Lyn ou les membres de la famille SHP, pourrait être perturbée (264; 295). D'ailleurs, une modification de la spécificité en substrat d'un peptide du domaine juxtamembranaire a été observée pour un mutant du récepteur KIT murin (547-555del), suggérant que des voies de signalisation différentes pourraient être activées en aval (72; 286).

Récemment, Debiec et al ont rapporté que les délétions distales (565-579) seraient plus défavorables que les délétions proximales pour la réponse à l'imatinib (109) ; les auteurs proposent que ces délétions pourraient diminuer l'affinité pour l'inhibiteur, et/ou que la perte des résidus 568 et 570, qui sont des sites de liaison pour les SFKs (285; 289), et ainsi modifier la signalisation et participer à la résistance secondaire (109).

<u>Exon 9 : domaine extracellulaire</u>

Le mécanisme d'activation de KIT par la présence de mutation dans l'exon 9 est encore mal compris. Différents auteurs ont suggéré que l'insertion de AY502-503 pourrait affecter la conformation du domaine extracellulaire, qui favoriserait une homodimérisation spontanée du récepteur (89; 509; 577). Debiec et al suggèrent également que les mutants de l'exon 9 pourraient avoir une plus grande capacité à hétérodimériser avec d'autres RTKs ; ce qui expliquerait la nécessité d'utiliser une plus grande dose d'imatinib pour inhiber ces RTKs associés (109), alors qu'il n'y a pas de différence de sensibilité in vitro entre les mutants de l'exon 9 et de l'exon 11 (182). D'autre part, la signalisation cellulaire induite par cette mutation différant de celles de l'exon 11 dans les GISTs (125; 187), cela pourrait expliquer une différence de sensibilité à l'apoptose en réponse à l'inhibition par l'imatinib et être responsable d'une différence d'efficacité in vivo (voir chapitre 3.3) (182).

Exon 13 : domaine kinase I
Les mutations K642E inhiberaient aussi la boucle d'autoinhibition du récepteur en empêchant la formation de ponts hydrogènes avec les résidus 574 à 576. Cette mutation, bien qu'elle ne permette pas la dissociation complète de la boucle d'inhibition, semble suffisante pour permettre l'activité kinase (497). Le résidu 654 quant à lui, se trouve juste avant la boucle hélice αC, qui doit effectuer un grand mouvement lorsque le récepteur se met dans la conformation active. La substitution V654A, que l'on observe surtout dans les cas de résistance secondaire à l'imatinib, permettrait de faciliter ce changement de conformation (420). Cela se manifeste par l'augmentation de sensibilité du mutant pour le SCF (346; 347).

Exon 17 : domaine kinase
Ces mutations, qui conduisent à un niveau de phosphorylation supérieur aux autres mutations (73; 152; 194; 270), sont très rarement observées dans les GISTs (89; 299; 433). De plus leur effet différentiel au niveau de la tumorigenèse selon leur position n'est pas totalement élucidé. En effet elles affectent dans les GISTs les codons 820 et 822, alors que les mutations du codon 817, très fréquemment retrouvées dans d'autres tumeurs (mastocytose et leucémie aiguë myéloïde), ne sont jamais retrouvées dans les GISTs (509).

Exon 8 : domaine extracellulaire
Aucune étude n'a été réalisée à ce jour concernant ce type de mutations, qui n'a été rapporté que dans un seul cas de GIST familiale (177). Notons toutefois que cet exon code, comme l'exon 9, pour une partie du cinquième domaine similaire aux immunoglobulines, et pourrait donc être impliqué dans une homodimérisation spontanée du récepteur (577).

➢ **PDGFRA**

Malgré quelques caractères cliniques et histologiques différents (voir chapitres précédents), les mutations de *KIT* et *PDGFRA*, qui sont localisées au niveau de domaines homologues, ont des voies de signalisation en aval globalement similaires (183). On peut remarquer toutefois que la distribution des mutations dans les différents domaines diffère entre les 2 récepteurs. Alors que les mutations de *KIT* touchent majoritairement la boucle d'autoinhibition du récepteur (exon 11 de *KIT* homologue à l'exon 12 du *PDGFRA*), les mutations les plus fréquentes du *PDGFRA* sont localisées dans le domaine kinase (exon 18 du *PDGFRA* homologue à l'exon 17 de *KIT*) (89; 92; 182; 183; 197; 271). Ces mutations ont pour effet d'activer directement l'activité kinase en modifiant la conformation de la boucle d'activation qui régule normalement le site de liaison à l'ATP (432). De rares mutations dans le domaine kinase I (exon 14 du *PDGFRA* homologue à l'exon 13 de *KIT*) ont également été retrouvées (92; 278).

Quelques différences concernant leur profils d'expression génique semblent exister mais nécessitent d'être confirmées sur de plus grandes séries (231; 482).

2.2.1.3. Mutations hétérozygotes et homozygotes

Si la majorité des mutations de *KIT* ou *PDGFRA* retrouvées dans les GISTs sont hétérozygotes, dans certains cas (4 % à 6 % des GISTs mutées sur l'exon 11), seul l'allèle muté est détectable (131; 134; 279). Il s'agit le plus souvent de mutations homozygotes (même mutation sur les 2 allèles), et non pas hémizygotes (absence de l'allèle WT) (131; 279). Le mécanisme à l'origine de ces modifications alléliques reste à être élucidé, mais les hypothèses s'orientent vers une recombinaison chromosomique. En effet, trois études ont montré une perte de l'allèle WT et une duplication de l'allèle muté : 2 cas de GISTs avec mutation homozygote de l'exon 13 (303), 14/17 GISTs portant une mutation homozygote de l'exon 11 (279) et 1 individu d'une famille de GISTs mutées sur l'exon 11 (252). Par ailleurs, dans 2 cas de l'étude de Lasota, les mutations hétérozygotes retrouvées dans la tumeur primaire étaient devenues homozygotes dans la lésion métastatique. Pour les auteurs, cela suggère d'une part que ce phénomène constitue un évènement secondaire qui participe à la progression, et d'autre part que la croissance des clones n'exprimant que l'allèle muté est avantagée par rapport à ceux exprimant les 2 allèles (279). Des études in vitro avaient montré que le peptide du domaine juxtamembranaire sauvage pouvait inhiber le peptide oncogénique en trans (73) ce qui pourrait expliquer l'avantage des clones exprimant les 2 allèles mutés.

2.2.2. Rôle des isoformes

L'expression préférentielle de l'isoforme GNNK- du gène *KIT* a été mise en évidence dans certaines leucémies et dans les GISTs (10; 93; 395). Les premières études ont montré que seul l'isoforme murine GNNK-, transfectée transitoirement dans des cellules COS, rendait le récepteur constitutionnellement activé et s'associait avec PI3K et PLCγ1 (414). Par contre il ne semblait n'y avoir aucune différence en terme de signalisation (458). Au contraire, Caruana et al ont observé des différences majeures, dans des cellules NIH-3T3 transfectées avec les isoformes humaines (70). En effet, en réponse à la stimulation par le ligand, l'isoforme GNNK- était plus précocement, plus fortement mais aussi plus transitoirement autophosphorylée ; il était ensuite plus rapidement internalisé et dégradé. En outre, l'activation de la voie ERK semblait suivre la cinétique et l'intensité d'activation de GNNK-, alors que la voie PI3K/AKT n'était pas différemment activée selon les isoformes (70). Au niveau fonctionnel, on observe pour les formes GNNK- de KIT une augmentation de la capacité de transformation (70), une diminution de la mort cellulaire et une augmentation du chimiotactisme pour SCF (576). Les différences observées entre les deux isoformes, pourraient être attribuables à une différence d'activation de Src en amont (537) ; la perte des résidus GNNK dans la région juxtamembranaire favorisant l'activation des SFKs (comme Src) (576). Mais, si l'activation des SFKs semble bien être responsable des effets observés (internalisation, dégradation, chimiotactisme), l'activation de ERK serait plutôt dépendante du type cellulaire étudié (576). Pour autant, le rôle de l'isoforme GNNK- dans la tumorigenèse des GISTs n'est pas certain, puisque les 2 isoformes sont présentes, et dans les mêmes proportions, entre les cellules tumorales ou non (502).

D'autres variants d'épissage de *KIT*, les isoformes Ser+ ou Ser- (voir chapitre2.1.2), sont coexprimées dans les cellules leucémiques et normales avec une prédominance de l'isoforme Ser+. Les 2 isoformes ont également été observées dans les GISTs (10; 274), mais ne semblent pas avoir une importance en physiopathologie, malgré la proximité du résidu (715) avec les 2 sites de phosphorylation tyrosine (721 et 730) (93; 274).

Enfin, il faut noter la mise en évidence de la forme tronquée de KIT (tr-kit), physiologiquement exprimées par les cellules germinales (voir chapitre 2.1.1), dans certaines cellules cancéreuses humaines (lignées d'adénocarcinomes du colon et de l'estomac, lignées de tumeurs hématopoïétiques) (488; 510).

2.2.3. Voies de signalisation activées dans les GISTs

Les principales voies de signalisation impliquées dans les GISTs sont résumées sur la Figure 19. L'activation constitutive de KIT ou PDGFRA résulte en l'activation de leurs voies de signalisation qui conduit à l'inhibition de l'apoptose et à l'augmentation de la prolifération cellulaire (432). La perte de fonction de la neurofibromine 1, essentiellement impliquée dans la genèse des GISTs de patients atteints de NF1 (voir chap1.4), est un mécanisme indépendant de l'activation de KIT ou de PDGFRA, mais aboutit à l'activation d'une voie commune (RAS) (432).

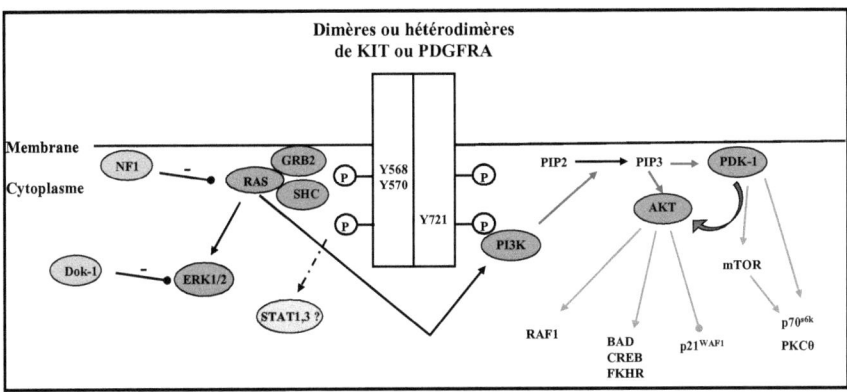

Figure 19 : Principales voies de signalisation actives dans les GISTs.

Toutefois, comme cela a été observé pour les cancers hématologiques (81; 396), les voies de signalisation activées par les oncoprotéines semblent différer de voies « physiologiques » et semblent même être dépendantes du type de mutations (125; 148; 365), voire d'autres éléments encore inconnus. Ainsi AKT et MAPK ne sont pas constamment activés dans les GISTs exprimant les mutants de *KIT* (187), même au sein de groupes de tumeurs porteurs de mutations identiques (125).

Les modèles cellulaires étudiant divers types de mutations de l'exon 11 sont nombreux mais donnent parfois des résultats contradictoires et sont souvent réalisés à partir de lignées du système hématopoïétique et du récepteur murin. Frost et al observent une activation constitutive de AKT et STAT3 sous l'effet du mutant humain V560G (148). De la même façon, Casteran et al, tout comme Vanderwinden, observent que leurs mutants murins de l'exon 11 (547-555del et G559del respectivement), exprimés dans des cellules murines lymphoïdes Ba/F3, conduisent à l'activation des voies PI3K/AKT et STAT1,3,5, mais aussi p38 (et non ERK12) (72; 531). La voie PI3K/AKT semblait essentielle pour l'activité oncogénique (prolifération) du mutant 547-555del (72). Ces auteurs n'observent pas de différences avec d'autres mutants de l'exon 11 (V559G et, dans une lignée de mastocytome FMA3, 573-580del) sur ces voies de signalisation. Concernant l'activation de p38 plutôt que ERK1,2, contrairement à d'autres modèles, les auteurs notent que cette voie est très sensible au contexte cellulaire et à la stimulation du récepteur (une activation de longue durée aurait un effet inhibiteur sur la phosphorylation de ERK1,2) (72). Par ailleurs, les modèles cellulaires murins de Vanderwinden permettent de défricher le rôle de 2 mutants, fréquemment observés dans les GISTs, sur les phosphatases PTEN, SHIP1 et 2. Parmi les 3 phosphatases citées, seule l'expression de SHIP1 est différente entre les 2 mutants : réduite pour KIT^{K641E} par rapport à $KIT^{G559del}$, et son expression augmente chez les 2 mutants lorsqu'on inhibe leur activité par l'imatinib (531). L'expression de SHP2, mais pas de PTEN, est augmentée chez les 2 mutants par rapport au récepteur WT.

Enfin, le modèle de souris transgénique initialement décrit par Sommer et al (V558del) (471), a été récemment étudié pour mieux comprendre les mécanismes de la signalisation oncogénique de KIT in vivo (426). Ce modèle a permis de confirmer l'importance de la voie PI3K/AKT dans la signalisation des GISTs et de relativiser celui RAS/MAPK qui n'était pas affecté par un traitement avec l'imatinib.

Les premières études des voies de signalisation réellement réalisées sur les GISTs ont confirmé que certaines voies activées physiologiquement, telles que STAT5 et JNK, n'étaient pas présentes au sein de ces tumeurs. D'autres voies sont activées dans la plupart des échantillons (ERK1, ERK2, AKT, S6K, STAT1 et STAT3), mais certaines ne seraient pas dépendantes de KIT (STAT1 et 3) (125). Dans la plupart des études, ERK1/2 et AKT sont effectivement inhibées sous l'effet de l'imatinib (78; 147; 185). Et l'étude des profils d'expression génomique, réalisée par Subramanian, souligne la prépondérance de l'activation de la voie AKT dans les GISTs mutées sur *KIT* (482). Par contre, l'implication de la voie JAK/STAT est plus inconstamment rapportée. Paner et al notamment ont observé que l'inhibition de JAK2 comme de KIT, mais pas de MAPK ou de PI3K, a permis de bloquer la croissance et d'augmenter l'apoptose de lignées primaires de GISTs mutées sur l'exon 11 de *KIT* (380).

Par ailleurs, plusieurs arguments suggèrent que la sérine/thréonine kinase PKCθ, qui est surexprimée spécifiquement et dans la quasi-totalité des GISTs (6; 362), joue un rôle dans la signalisation des GISTs (124). Tout d'abord, PKCθ est le seul membre de la famille PKC qui soit exprimé dans les Cellules de Cajal (401; 402; 472). En outre, dans les lymphocytes T, PKC est une molécule clef de par son rôle de régulateur positif de la survie cellulaire (7; 34; 350; 534). Son inhibition conduit d'ailleurs à un arrêt du cycle cellulaire p53-indépendant dans différents types cellulaires comme les cellules mésenchymateuses (fibroblastes de souris NIH) (111). Enfin, PKCθ n'est pas seulement surexprimée, mais elle est aussi constitutionnellement activée (124). Comme cela avait été suggéré par Altman et al dans des modèles hématopoïétiques (7), l'activation de PKCθ est dépendante de celle de KIT ou de PDGFRA dans les GISTs (584).

Récemment, Zhu et al ont analysé plus finement les interactions mises en jeu avec KIT (584). Ils montrent ainsi que GRB2, SHC, CBL, PKCθ, MAPK et PI3K interagissent avec KIT et sont des voies KIT dépendantes. STAT1,3, qui semblent particulièrement sensibles à la densité cellulaire, sont partiellement KIT dépendantes, tandis que JAK1 et EPHA4 sont totalement indépendantes de KIT. En outre, ils confirment que KIT et PDGFR (A et B) peuvent s'hétérodimériser (197; 378). Hirota avait montré que les mutants du *PDGFRA* pouvaient transactiver le récepteur KIT WT (197). Inversement, Zhu et al montrent ici que les mutants de *KIT* transactivent le PDGFRA WT (584), qui est exprimé dans près de 30 % des GISTs *KIT* mutées (183). Cette transactivation est dépendante de l'activité de KIT, car l'inhibition de l'expression de KIT par RNAi, empêche la formation des complexes et diminue la phosphorylation de PDGFRA (584).

Enfin, notons que, malgré des voies de signalisation globalement identiques, quelques différences ont été observées entre les mutants de *KIT* ou de *PDGFRA*. En effet, STAT 5 n'est pas activé chez les mutants de *PDGFRA*, tandis qu'il est inconstamment rapporté chez les mutants de *KIT* (183). De plus, bien que les différences observées sur les profils d'expression génique (482) ou protéomique (230) ne concernent pas l'expression des gènes cibles des voies de signalisation les plus connues (PI3K, JAK/STAT, MAPK), on observe des variations des niveaux d'activation de ces protéines. Phospho-AKT et phospho-STAT3 seraient plus intenses chez les KIT mutés, tandis que ce serait phospho-ERK1/2 chez les *PDGFRA* mutés (231).

2.2.4. Modification de la transcription de gènes cibles

2.2.4.1. En fonction de paramètres clinico-phénotypiques

Un certain nombre de profils d'expression ont été réalisés dans le but d'identifier de nouveaux facteurs diagnostiques (voir chapitre 1.2.2.4) ou pronostiques (voir chapitre 1.3.4), mais aussi afin de mieux comprendre les bases moléculaires des différents profils clinicopathologiques observés.

Globalement, les GISTs représentent un groupe homogène de tumeurs avec des gènes les discriminant des autres sarcomes, tels que *KIT*, *PKCθ*, et des gènes impliqués dans la fonction électrophysiologique des cellules de Cajal (tunnel à ions potassium et précurseur neuropeptidique impliqué dans la motilité intestinale) (6; 362). Toutefois, les profils génomiques peuvent s'avérer relativement différents d'un sous-groupe à l'autre. La comparaison de 4 tumeurs issu d'un même patient atteint de GIST familiale avec 23 GISTs sporadiques, montrait un grand nombre de gènes impliqués dans la transmission synaptique, suggérant un phénotype plus différencié vers les cellules de Cajal. Lorsqu'on compare les GISTs selon leur localisation anatomique, *CD34*, *PDGFRA*, *TGFRBR3*, *LTBP-4* et *TSC22*, ainsi que de nombreux gènes de la contraction et du développement musculaire, sont surexprimés dans 9 GISTs gastriques. Les 13 GISTs intestinales étudiées, quant à elles, exprimaient plutôt de hauts niveaux de myosine, *PIK3C2B*, *VAV2*, *Shp1* et *Rac1-3*. Enfin, au niveau de la morphologie cellulaire, les GISTs épithélioïdes (n=5), contrairement aux fusiformes (n=18), surexpriment des gènes caractéristiques de ce phénotype, tels que *TP73L* et la *kératine 1*, mais aussi des gènes impliqués dans l'apoptose (*BCL2*, *Caspase 10*), l'angiogenèse (*VEGF*) et la prolifération (*PDGF1*) (13).

2.2.4.2. Associées au génotype

Choi et al ont montré que les GISTs mutées (*KIT* exon 11 dans leur série) surexprimaient KIT, HMGB1 (High mobility group protein 1) et MMP2 (Matrix metalloproteinase 2); ils suggèrent que ces deux dernières protéines pourraient être la conséquence de l'activation de KIT (84). En effet, HMGB1 est une protéine principalement localisée dans le noyau qui a la capacité de se lier à l'ADN et d'interagir avec plusieurs facteurs de transcription (36; 60); elle a notamment été décrite comme un inhibiteur de l'affinité de p53 et p73 pour le promoteur BAX (481). Mais elle a aussi la capacité, non seulement d'activer des voies de signalisation intracellulaires liées à la prolifération cellulaire et la formation de métastases, mais aussi d'agir directement au niveau de la matrice extracellulaire lorsqu'elle est sécrétée (354; 386; 485). HMGB1 pourrait ainsi intervenir dans la tumorigenèse des GISTs par altération des gènes suppresseurs de tumeurs d'une part, et par facilitation de la prolifération et de la formation de métastases d'autre part (84).

Subramanian et al ont mis en évidence que, malgré des voies de signalisation globalement identiques pour les mutants de *KIT* ou de *PDGFRA*, différents gènes cibles étaient exprimés selon le type de mutations impliquées. Les mutants de *KIT* (n=18), ont une nette surexpression des gènes (cibles ou non) de la voie PI3K/AKT, comme *AKT3* et *p70S6K*, par rapport aux mutants du *PDGFRA* (n=8) (482). De plus, l'expression de différentes sous-unités régulatrices de la phosphatase PP2A, qui régule normalement les signaux de prolifération en déphosphorylant AKT, a été rapportée et celle-ci semble spécifique d'un sous-groupe de GISTs mutées sur l'exon 11 (5/8 patients). A l'inverse, des gènes activateurs et des gènes cibles de la voie MAPK, tels que *COL1A1*, *EGR1*, *ENPP2*, *JUN* et *FOS*, semblent préférentiellement exprimés chez les mutants du PDGFRA (482). En outre, l'expression différentielle de l'*Ezrin/VIL2*, qui représente un lien fonctionnel entre membrane cytoplasmique et cytosquelette, semble particulièrement exprimé dans les GISTs malignes (260) et les mutants de l'exon 11 (482). Enfin, la comparaison de 5 GISTs sauvages avec 19 mutants fait ressortir la surexpression de *bcl2*, *VEGF*, *IL2* et *MCSF* dans le premier groupe et la surexpression de 2 gènes impliqués dans la signalisation du récepteur, *RAC2* et *Shp1*, dans le deuxième groupe (13). Enfin, les mutants de l'exon 9 (n=8) expriment de hauts niveaux de *mésothéline*, de métalloprotéinases *MMP1*, de γ-glutamyltransférase (*GGT1*) et de bas niveaux de *neuregulin 2* et de *EphB2*, par rapports aux mutants de l'exon 11 (13).

2.2.5. Autres altérations génomiques

2.2.5.1. Anomalies chromosomiques

Les analyses cytogénétiques des GISTs ont permis de proposer un modèle d'altérations cytogénétiques associées à la progression tumorale. Des mutations de *KIT* ou *PDGFRA*, se succèdent les délétions du bras chromosomique 14q, 22q, et 1p, puis le gain de 8p, la délétion de 11p et 9p, et enfin le gain de 17q (187). Les anomalies les plus couramment observées sont la perte des chromosomes 14 (2/3 des cas environ) et 22 (moitié des cas environ), suggérant le rôle de gènes suppresseurs de tumeur sur ces chromosomes (108; 130; 150; 183; 187; 240). De plus, la perte de 14 q est un évènement fréquent, aussi bien dans les GISTs à haut risque que dans celles à faible risque et, à ce titre, est probablement un évènement précoce (172). La perte des chromosomes 1p, 9p, 11p, et 15q a clairement été associée à la progression maligne (108; 130; 150; 183; 240; 370). Sur le chromosome 9p, le gène régulateur du cycle cellulaire *CDKN2A* (*p16INK4A*) est souvent inactivé dans les GISTs à haut risque (453).

Avec l'avènement des CGH arrays, les zones impliquées dans les anomalies chromosomiques se sont affinées, jusqu'à faire émerger certains gènes qui pourraient être impliqués dans la progression tumorale. Wozniak et al ont précisé les régions minimales de recouvrement des délétions des chromosomes 14q, 1p, 13q et 15q, altérations les plus fréquemment retrouvées dans les tumeurs à haut risque de leur série. Ainsi, la région minimale du chromosome 15q comporte le gène codant la protéine transmembranaire, TMEM84, dont la fonction est encore inconnue. Tandis que sur une des 2 régions du chromosome 13q on trouve le gène suppresseur de tumeur *RB1*. L'étude des gènes sous-exprimés du chromosome 14 par cette même équipe fait ressortir *HEI10* (régulateur du cycle cellulaire), *MAX* (pro-apoptotique) et *MLH3* (maintien intégrité du génome) (561). Parallèlement une autre équipe, en associant CGH array et oligonucléotide array, a identifier les gènes *PARP2* et *APEX1* (réparation de l'ADN), *NDRG2* (suppresseur de tumeur) et *SIVA* (régulation de l'apoptose) sur le chromosome 14, *NF2* sur le chromosome 22, *CDKN2A/2B* sur 9p, *ENO1* (répresseur de *MYC*) sur 1p et *MYC* (prolifération cellulaire) pour les gains en 8q (19).

2.2.5.2. Les protéines de régulation du cycle cellulaire

Des altérations de l'expression de protéines du cycle cellulaire sont fréquemment rapportées dans les études cytogénétiques ou moléculaires des GISTs (19; 357; 438). Le régulateur du cycle cellulaire *CDKN2A*, comme la plupart des gènes de cette voie, semblent être impliqués dans la progression moléculaire de ces tumeurs car les anomalies observées vont généralement dans le sens d'une activation du facteur de transcription *E2F1* et de la prolifération cellulaire au global (Figure 20).

Ainsi, *E2F1*, *MDM2*, *TP53* et *CDK4* sont souvent surexprimés tandis que $p16^{INK4A}$ et $p14^{ARF}$ (2 transcrits alternatifs de *CDKN2A*) sont sous-exprimés (174). Récemment, des mutations inactivatrices du gène suppresseur de tumeur *TP53* ont été rapportées dans 21 % des GISTs, mais seules un quart de ces tumeurs étaient associées à la surexpression de la protéine, tandis que d'autres GISTs (19 %) ne présentaient qu'une surexpression de p53 (437). Les discordances entre les mutations et la surexpression de p53 ont déjà été décrites dans les sarcomes. Quoiqu'il en soit, les altérations de la fonction du gène suppresseur de tumeur *TP53* étant associées aux GISTs avec haut risque de rechute, elles pourraient être impliquées dans la transformation maligne des GISTs.

Enfin, de façon intéressante, dans les GISTs mutées pour l'exon 11 qui surexpriment généralement E2F1 (174), on observe aussi une activation plus importante de la voie AKT (125). Or une régulation négative entre E2F1 et AKT a été décrite : E2F1 active la transcription d'AKT, tandis que cette dernière inhibe l'effet apoptotique de E2F1 (76; 174; 176). Des altérations de ces deux éléments pourraient donc avoir des effets synergiques et être impliqués dans la progression tumorale.

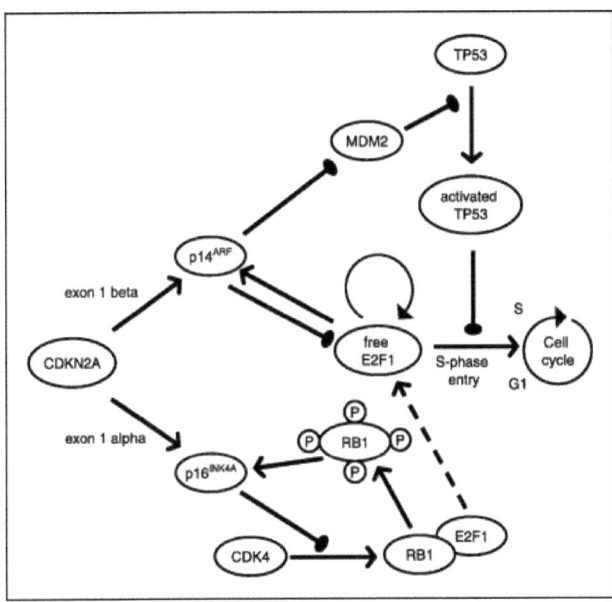

Figure 20 : La voie suppresseur de tumeur CDKN2A.
De multiples interactions existent entre les différents gènes dont l'expression est altérée dans les GISTs. Les inductions et les activations sont signalées par des flèches; les inhibitions par des traits stoppés (174).

3. THERAPEUTIQUE

La découverte du récepteur à activité tyrosine kinase KIT, ainsi que le développement de l'imatinib pour bloquer l'activité de ce récepteur, a bouleversé le traitement et le devenir de cette maladie. En effet, les chimiothérapies conventionnelles sont peu efficaces (taux de réponse inférieur à 10 %) et la radiothérapie inactive et non praticable contenu de l'étendue et la localisation de la masse tumorale.

3.1. HISTORIQUE DU DEVELOPPEMENT DE L'IMATINIB

Initialement utilisé pour traiter les leucémies myéloïdes chroniques (513), l'imatinib a été testé avec succès chez un patient GIST (223). Il s'est révélé efficace pour bloquer l'activité kinase de KIT, sauvage ou muté (180), et a permis d'inhiber la croissance d'une lignée de GIST (519). Des essais cliniques de phase I (528) ont permis d'identifier la dose de 400 mg/jour comme la plus efficace et la mieux tolérée. Ces essais ont été rapidement suivis par des essais de phase II (116; 176) puis III (40; 176; 533) pour tester l'efficacité de l'imatinib en situation métastatique. L'autorisation de mise sur le marché a été obtenue pour le traitement des GISTs inopérables et métastatiques en février 2002 aux USA, puis en décembre 2002 en France (http://www.theriaque.org).

3.2. STRATEGIES DE TRAITEMENT

3.2.1. Des GISTs localisées

Le principal traitement pour les GISTs localisées est la résection chirurgicale. L'objectif de la chirurgie étant la résection complète de la tumeur en gardant sa pseudocapsule intacte. Il faut en effet éviter une rupture tumorale et un risque de dissémination abdominale (432). Bien qu'une résection complète soit obtenue chez près de 80 % des patients ayant une GIST primaire, les rechutes sont fréquentes et la survie à 5 ans est d'environ 50 %. La lymphadectomie n'est pas nécessaire car les GISTs métastasent rarement dans les ganglions (112).

3.2.2. Des GISTs en phase avancée

La majorité des patients font l'expérience d'une rechute après une résection complète, avec un délai médian de 18 à 24 mois (112). Les métastases se développent généralement dans la cavité péritonéale et/ou le foie, et plus tardivement dans des localisations extra-abdominales (poumon, os) (523). Certains de ces patients sont résécables avec un risque de morbidité acceptable, mais tous rechutent secondairement (432). Avant l'utilisation de l'imatinib, les options de traitements étaient donc très limitées, car ces tumeurs répondent très peu aux chimiothérapies conventionnelles (5 %) et la radiothérapie est souvent impossible (432; 523). D'une médiane de survie historiquement de 18 à 24 mois, les GISTs avancées sont passées à plus de 60 mois sous imatinib (432) ; 80 % sont répondeurs. D'autre part, 2 grandes études internationales (408; 526; 533) ont montré que augmentation des doses (800 mg) pouvait être bénéfique aux patients en progression.

3.2.3. Prise en charge des patients sous imatinib

La plupart des réponses au traitement par l'imatinib surviennent au cours des 9 premiers mois, bien que quelques cas de réponse tardive aient été rapportés (533). Malheureusement les rechutes, bien que beaucoup plus tardive sous imatinib, sont fréquentes. Il est donc essentiel de surveiller étroitement l'évolution de la maladie pour déterminer le moment optimal pour une chirurgie, une augmentation des doses ou l'administration du sunitinib (26). De même, l'imagerie n'est plus seulement importante pour le diagnostic, mais aussi pour le suivi de la réponse au traitement et détecter une progression tumorale ; le scanner est la technique de choix (446).

D'autre part, malgré les excellentes réponses objectives observées, il est conseillé de ne pas arrêter le traitement par imatinib. En effet, un essai de phase II réalisé en France a montré une plus grande fréquence de progression des patients, pour lesquels on avait stoppé l'imatinib, à un an (40) ou à 3 ans (281).

Bien que la plupart des patients métastatiques répondent initialement, une rechute ou une progression est souvent observée. En fait environ 50 % des patients n'ont pas progressé après 24 mois de traitement. Les rechutes sont généralement observées par imagerie scanner, où l'on voit apparaître un nouveau nodule dans une masse tumorale existante (117; 459). Parfois, chez 30 à 40 % des patients, une augmentation des doses d'imatinib ralentit la croissance de ces lésions. Ainsi, après une augmentation des doses à 800 mg, qui est la dose maximale tolérée, 30 à 40 % des patients progressant à 400 mg obtiennent un bénéfice clinique (2 % en réponse partielle et 27 % en stabilisation) et 18 % sont toujours sans progression 1 an plus tard (578). En cas d'échec, le sunitinib, un autre inhibiteur de tyrosine kinase (voir chapitre 3.4.1), constitue le traitement de choix. Il s'est en effet montré efficace pour traiter les patients résistants ou intolérants à l'imatinib (115).

Enfin, le génotypage (voir chapitres 1.2.3 et 3.3.4) est utile à la prise de décision en pratique clinique, notamment s'il est réalisé au moment du diagnostic. Les patients porteurs d'une mutation dans l'exon 9 de KIT, doivent désormais recevoir 800 mg/jour d'imatinib comme traitement initial (109). Malheureusement peu de laboratoires font ce type d'analyse en routine (26).

3.3. L'IMATINIB

3.3.1. Bases moléculaires – Pharmacologie

L'imatinib est une petite molécule (dérivé 2-phenylaminopyrimidine ; Figure 21) (57) qui inhibe l'activité tyrosine kinase des récepteurs ABL (ainsi que de la protéine fusion BCR-ABL (122)), KIT, PDGFRA, PDGFRB (57; 58) et CSF1R (colony-stimulating factor 1 receptor) (118). Sa structure ressemble à l'ATP, dont elle est un inhibiteur compétitif (

Figure 22) sur le site de liaison au niveau du domaine kinase. Bien que ce soit un domaine très conservé parmi les protéines tyrosine kinase, l'imatinib est relativement spécifique des récepteurs cités ci-dessus ; les concentrations inhibant 50 % de l'activité (IC50) allant de 188 nM pour c-abl à 413 nM pour KIT, tandis que pour la plupart des autres tyrosine kinase elle est supérieure à 10 µM (313; 513).

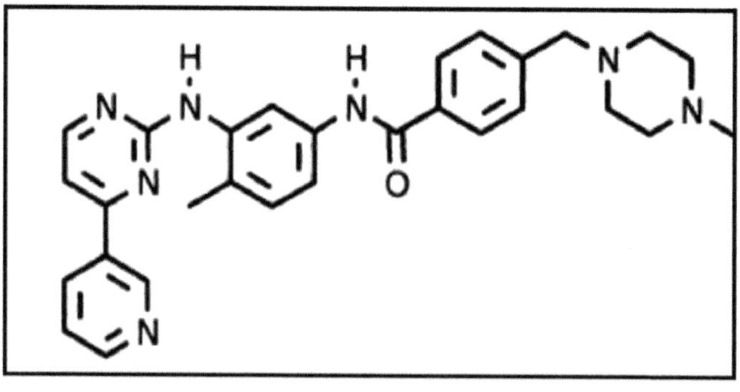

Figure 21 : Structure chimique de l'imatinib (57)

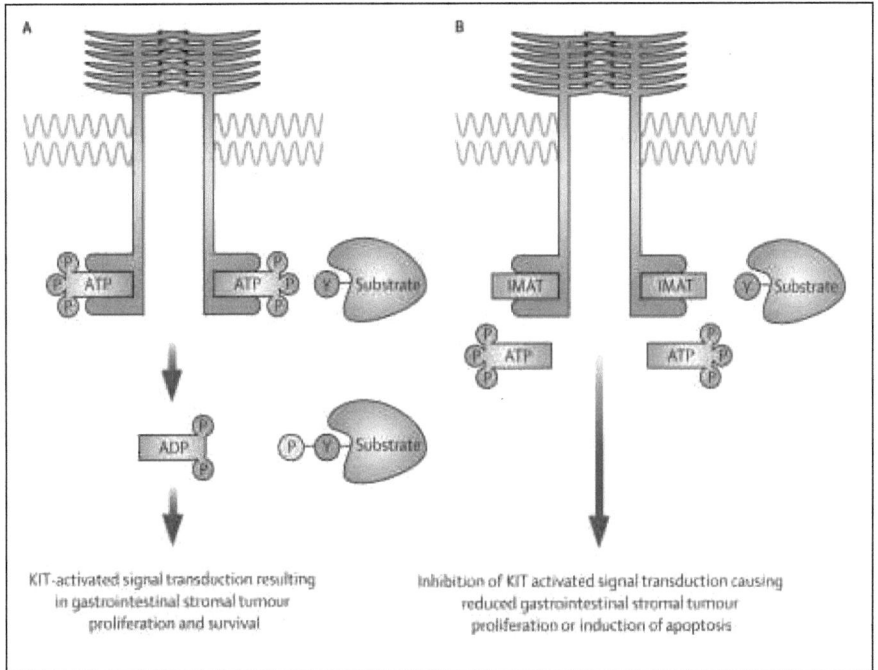

Figure 22 : Mécanisme d'action de l'imatinib.
(A) normalement l'ATP se lie au site d'activation de KIT ou PDGFRA et donne un résidu phosphate au récepteur ou à un substrat, qui conduit à l'activation du récepteur et l'activation des voies de signalisation. (B) l'imatinib, qui se lie sur le même site ATP, est un inhibiteur compétitif, ce qui a pour effet d'inhiber la signalisation de KIT ou PDGFRA (432).

Les études de cristallisation du récepteur avec l'imatinib montrent que ce dernier se lie à la kinase dans sa conformation inactive et casse ainsi l'interaction entre le domaine autoinhibiteur et le domaine kinase (346). Les interactions avec le domaine kinase I sont essentielles à la liaison de l'imatinib (Figure 23) (79). Les résidus V654 (exon 13) et T670 (exon 14) notamment sont très conservées parmi les RTKs. Leur mutation conduit à une diminution de l'affinité de la molécule pour le récepteur (420; 491; 492).
In vitro, les formes sauvages (WT) comme les mutants de KIT répondent à l'imatinib (182), mais avec une sensibilité différente (78; 148; 519). En effet, la croissance des cellules sous l'effet de l'imatinib est plus facilement inhibée pour les mutants de l'exon 11 (V560G,

VV559-560del), que pour les WT, qui eux même sont plus sensibles que les mutants de l'exon 17 (D816V et D820Y). Cette différence de sensibilité est la conséquence directe de la capacité de l'imatinib à inhiber la phosphorylation de KIT et possiblement de l'altération de l'interaction de l'imatinib avec la poche à ATP (148). Au contraire il ne semble pas y avoir de différence de sensibilité entre les mutants de l'exon 11 et ceux de l'exon 9 (182), ou ceux de l'exon 13 (78) sur le plan biochimique. Mais cliniquement, les GISTs pour lesquelles *KIT* est muté sur l'exon 11, répondent mieux que les WT ou celles mutées sur l'exon 9 (voir plus bas) (497). En fait les mutants de l'exon 9 pourraient avoir une affinité moindre pour l'imatinib que ceux de l'exon 11, à cause d'une différence de structure tridimensionnelle de la poche ATP (492). Mais il faut également garder à l'esprit que l'efficacité clinique de l'imatinib est aussi sujette à une variabilité individuelle, notamment concernant les caractéristiques pharmacocinétiques et environnementales (101; 226).

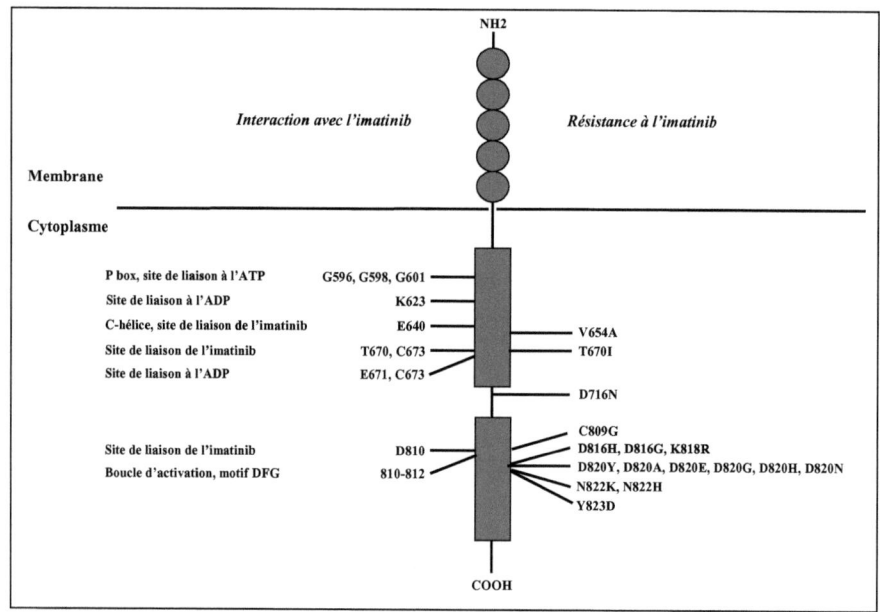

Figure 23 : KIT, imatinib et résistance.
Aperçu des acides aminés intervenant dans l'interaction de KIT avec l'imatinib (à gauche) (541) et des mutations secondaires impliquées dans la résistance de KIT à l'imatinib (à droite) (79; 106; 117; 166; 262; 344; 491).

3.3.2. Autres effets de l'imatinib

Mis à part l'effet direct de l'imatinib sur KIT qui est l'élément causal des GISTs, différents effets, plus ou moins anecdotiques, ont été rapportés.

Tout d'abord, un élément nouveau est venu éclairer le mécanisme d'induction de l'apoptose induite par l'imatinib ; celle-ci passe par une régulation positive de l'histone soluble H2AX, qui sensibilise les cellules tumorales par agrégation de la chromatine et bloc transcriptionnel. Les cellules de certaines GISTs résistantes à l'imatinib, au contraire, augmentent la dégradation PI3K/mTOR-dépendante de H2AX via le protéasome. De nouvelles approches thérapeutiques pourraient alors consister à inhiber le protéasome ou la voie PI3K/AKT (298).

En outre, une étude in vitro sur une lignée de GIST (GIST-T1 portant une délétion de 57 pb dans l'exon 11), a montré que l'activation de KIT augmentait l'expression du VEGF (ARN et protéine) et inversement que l'inhibition du récepteur par l'imatinb inhibait, de manière dose et temps dépendante, l'expression de VEGF (220). Mais l'effet chez les patients est beaucoup moins significatif, puisque McAuliffe et al n'ont observé une diminution de l'expression de VEGF que chez 2 des 4 GISTs qui l'exprimait avant traitement (319).

L'imatinib aurait également une action sur le stroma. En effet les fibroblastes sécrètent divers facteurs de croissance, dont le SCF, qui stimulent l'expression et l'activation de métalloprotéinases. Or ces dernières vont permettre en retour l'activation de facteurs de croissance supplémentaires et ainsi promouvoir la croissance tumorale (476).

D'autres ont observé un effet de l'imatinib sur l'immunité anti-tumorale. En effet, certains modèles murins résistants à l'imatinib in vitro, sont sensibles à la drogue in vivo, ce qui suggère un mécanisme anti-tumoral ne dépendant pas de la cellule tumorale elle-même. L'équipe de L. Zitvogel a ainsi montré que l'imatinib pouvait agir sur les cellules dendritiques pour promouvoir l'activation des cellules NK (Natural Killer), principaux acteurs l'immunité anti-tumorale. Ils retrouvent l'activation des cellules NK également chez 49 % des patients traités par l'imatinib (48).

Enfin, l'imatinib a été décrit comme pouvant induire l'autophagie via l'inhibition de la protéine ubiquitaire C-ABL (et non pas KIT ou PDGFRA). L'autophagie est un système de dégradation et de recyclage des composants cellulaires, qui se met en place dans diverses situations physiopathologiques. Lorsque l'autophagie est majeure, elle conduit à la destruction totale de la cellule ; son induction par l'imatinib contribuerait donc, dans ce cas, à la régression tumorale. Mais le rôle de l'autophagie dans le cancer n'est pas encore totalement compris, car en ne recyclant qu'une partie de ces composants cellulaires, la cellule cancéreuse pourrait aussi utiliser ses propres ressources pour survivre en conditions défavorables. Il n'est donc pas certain que l'autophagie observée sous imatinib corresponde plus à un mécanisme d'action anti-tumorale, qu'à un mécanisme de résistance de la cellule cancéreuse (137).

3.3.3. Toxicité

Les doses d'imatinib généralement utilisées (400-800 mg/jour) sont efficaces et bien tolérées ; le profil de toxicité est bien meilleur que la chimiothérapie traditionnelle. Ainsi, 13 % des patients ont une anémie de grade 3 ou plus, 7 % pour la neutropénie, un tiers ont des oedèmes ou de la fatigue de grade supérieur ou égal à 2, un cinquième ont des nausées ou des diarrhées et un sixième présentent des rashs cutanés (525). Chez 5 % des patients, on observe des hémorragies gastro-intestinales ou péritonéales, qui seraient la conséquence d'une nécrose induite par l'imatinib (446). Cependant, une cardiotoxicité sévère, qui n'avait pas été détectée auparavant, a été récemment pointée du doigt (237).

3.3.4. Quelles tumeurs répondent à l'imatinib ?

> **Expression de KIT**

L'expression de KIT est un des principaux critères de diagnostic des GISTs et était même requis pour l'inclusion des patients dans les premiers essais cliniques, jusqu'à ce qu'il soit admis que près de 5 % des GISTs étaient négatives pour KIT (110; 321). En fait, une partie de ces GISTs négatives présente des mutations du *PDGFRA* et certaines même des mutations de *KIT* (24; 321), qui sont parfois sensibles au traitement par l'imatinib (92; 549). Le manque d'immunoréactivité de KIT ne doit donc être en aucun cas un critère de non sélection au traitement par l'imatinib.

Quant à l'intensité et à l'aspect du marquage, qui peut être cytoplasmique diffus, membranaire et /ou en dot, il n'est pas rapporté de corrélation avec la réponse à l'imatinib (3; 82; 321; 387).

> **Autres paramètres**

Si globalement la réponse histologique (fibrose et nécrose) peut correspondre à la réponse clinique à l'imatinib, elle n'en est pas moins variable et hétérogène au sein d'un même nodule. De même, ni l'index mitotique (344), ni l'expression de Bcl2 et de p53, ne corrèlent avec la réponse histologique ou la durée du traitement par imatinib (3). Au contraire, un haut niveau de VEGF, récemment décrit dans 17 % des GISTs étudiées, représenterait un mauvais facteur prédictif de réponse à l'imatinib, indépendamment du génotype (319).

Par ailleurs, l'analyse ultrastructurale, immunohistochimique et génomique des cellules tumorales, montre que l'imatinib semble induire une différenciation vers un phénotype de cellules musculaire lisse (3).

Certains facteurs cliniques et biologiques ont été associés à une progression précoce sous imatinib : présence de métastases pulmonaires, hémoglobinémie basse et absence de métastases hépatiques (527), ainsi qu'un taux de neutrophiles augmentés (>5 x 10^9/l) et un index mitotique > 10/50HPF (436).

> **Génotype**

La réponse clinique objective à l'imatinib est corrélée au type de mutation retrouvée dans la tumeur. La réponse et la survie sans progression sont supérieures pour les patients porteurs d'une mutation de l'exon 11 du gène *KIT*. Au contraire, les patients non mutés ou avec une mutation sur le *PDGFRA* ont la moins bonne réponse à l'imatinib (107; 182; 436). Ainsi, 72 à 83 % des patients mutés pour l'exon 11 de *KIT* ont une réponse partielle à l'imatinib, contre 32 % des patients mutés dans l'exon 9 et 12 % des patients pour lesquels aucune mutation n'avait été détectée. Aucun des patients avec des mutations sur le *PDGFRA* (D842V) n'ont répondu (107; 182). Par contre, les patients ayant une mutation dans l'exon 9 de *KIT* bénéficie grandement d'une augmentation des doses (109; 188). Ces résultats montrent donc l'importance clinique de la classification moléculaire des GISTs (432).

Ces différentes réponses cliniques en fonction du génotype sont parfois en contradiction avec les résultats obtenus in vitro. La sensibilité à l'imatinib des mutants de l'exon 11 est similaire à ceux de l'exon 9 (voir précédemment).

3.3.5. Résistance

On estime que tous les patients traités par l'imatinib sont amenés à progresser un jour ou l'autre (469). On distingue 2 types de résistance.
Les patients, pour lesquels la stabilisation de la maladie n'est pas atteinte, ou qui rechutent en moins de 6 mois de traitement, sont dits en résistance primaire. Ce type de résistance concerne environ 10 à 15 % des patients. Il s'agit principalement de patients mutés pour le *PDGFRA* (D842V), ou non mutés pour l'une ou l'autre des kinases (voir chapitre précédent). Certains patients mutés sur l'exon 9 de *KIT* sont aussi en résistance primaire, alors que d'autres répondent aux doses standard, sans que l'on en comprenne vraiment le mécanisme.
Les patients qui développent un ou plusieurs sites de progression tumorale après plus de 6 mois de réponse clinique, sont en résistance secondaire. Plusieurs mécanismes ont été décrits :

> ➤ **Mutations secondaires**

Dans 50 à 70 % des cas, les patients ont acquis des mutations secondaires sur l'un ou l'autre des récepteurs, qui interfèrent avec leur sensibilité à l'imatinib (11; 79; 106; 181; 491). L'émergence des cellules porteuses de ces mutations secondaires est favorisée par le rôle plutôt cytostatique que cytotoxique de l'imatinib (432).
Les mutations secondaires, à la différence de celles retrouvées à l'origine, impliquent plus fréquemment les exons 13, 14 et 17 (11; 79; 106; 491). Les mutations des exons 13 et 14 affectent directement la liaison de l'imatinib sur le récepteur, mais ne résultent pas nécessairement en son activation constitutive. L'effet dépend aussi du résidu substitué ; le remplacement de la thréonine 670 par l'isoleucine diminue énormément l'affinité de l'imatinib car elle réduit l'espace de la poche ATP. Le remplacement de la valine 654 par l'alanine diminue la complémentarité entre la surface de KIT et de l'imatinib ; la diminution d'affinité est moins forte et se traduit par des doses d'imatinib plus importantes pour parvenir à une inhibition (492). Au contraire, les mutations de l'exon 17, en favorisant la conformation active du domaine kinase, modifient l'accessibilité de l'imatinib dans la poche ATP (Figure 23) (181; 197; 420; 492; 498; 541).
De façon intéressante, les mutations T670I et V654A, contrairement aux mutations D820Y et N822K, ne sont quasiment retrouvées que chez les patients qui ont été traités par l'imatinib. Les premières sont sans doute beaucoup moins fréquentes, mais apparaissent sous la pression de l'imatinib qui fait émerger les clones résistants. Un autre élément intrigant est que la nouvelle mutation survient généralement sur le même allèle qui portait la mutation de départ

(79), ce qui suggère que la nouvelle mutation permet de reverser l'effet de la première sur le récepteur.

De plus, pour des raisons inconnues, les mutations secondaires se développent plus souvent dans les tumeurs déjà porteuses de mutations sur l'exon 11 que sur l'exon 9, avec respectivement 60 % et 20 % des cas (11; 106). Enfin, des mutations différentes peuvent être retrouvées dans plusieurs lésions d'un même individu ; certaines lésions continuent ainsi à répondre à l'imatinib (11; 181; 544; 546).

> **Amplifications géniques**

Un autre mécanisme de résistance à l'imatinib potentiel est l'amplification génomique de *KIT* et/ou *PDGFRA*. Théoriquement, en augmentant le nombre de molécules KIT à inhiber, la capacité d'action de l'imatinib devrait être dépassée. Cependant, et bien que des amplifications aient déjà été observées chez des patients résistants, la pertinence clinique n'est pas certaine (11; 106; 142; 181). En effet une étude récente montre que ce type d'altération est un évènement précoce car on le retrouve dans tous les nodules et, en général, aussi bien dans des lésions précédant le traitement par l'imatinib que dans des lésions résistantes. Ceci suggère que les amplifications de *KIT* ou *PDGFRA* représenteraient plutôt un mécanisme de résistance primaire que secondaire. Enfin, à la différence des mutations activatrices, les altérations génomiques impliquent les 2 gènes, qui sont effectivement voisins sur le chromosome 4 (344).

> **Résistance pharmacocinétique**

Chez les patients traités par l'imatinib, on observe une forte diminution des concentrations sanguines de drogues (226). L'aire sous la courbe des patients traités depuis plus d'un an, est réduite de moitié par rapport à 1 mois de traitement (59). Ce phénomène pourrait être expliqué par l'augmentation de l'expression de pompes à efflux, qui a pour effet de réduire l'absorption des médicaments et augmenter leur clairance. La surexpression par les cellules tumorales de pompes à efflux, telles que la P-glycoprotein (310) et la breast-cancer resistance protein (59), pourrait ainsi participer à la résistance à l'imatinib, qui est effectivement un substrat pour ces pompes (310). La majorité des GISTs non encore traitées par l'imatinib expriment d'ailleurs la P-glycoprotein et la multidrug resistance protein-1 (501). D'autres protéines pourraient aussi altérer l'efficacité de l'imatinib. La α1-acid glycoprotein notamment est capable de se lier à l'imatinib dans la circulation sanguine en réduisant ainsi sa disponibilité (153).

> ➢ **Autres mécanismes**

Récemment, il a été montré que l'activation d'autres protéines tyrosine kinase, à la place de KIT ou PDGFRA serait impliquée dans la résistance secondaire de plusieurs GISTs (309). Ainsi, alors que l'expression de KIT (ARN et protéines) est diminuée sous l'effet de l'imatinib, AXL, une kinase de la famille Ufo/AXL, est elle surexprimée. AXL transmet un signal grâce à la liaison de son ligand, GAS-6, qui est présent dans la matrice extracellulaire. Ce dernier est lui aussi surexprimé dans les GISTs résistantes et semble donc impliqué dans un mécanisme d'activation autocrine. Les voies de signalisation de AXL sont globalement similaires à KIT et l'imatinib ne se lie pas à ce récepteur, ce qui suggère bien son rôle potentiel dans la résistance à l'imatinib (309).

D'autre part, la quantité de SCF sérique aurait tendance à augmenter, et celle du récepteur clivé à diminuer au fur et à mesure du traitement par l'imatinib. Cela pourrait potentiellement augmenter la signalisation KIT/SCF, comme un mécanisme compensateur de l'inhibition prolongée de KIT (47).

3.3.6. Les essais en cours ou à venir

Plusieurs essais sont en cours pour tester l'utilisation de l'imatinib en situation adjuvante (https://www.acosog.org/studies/closed.jsp) : Z9000 (essai de phase II : thérapie adjuvante après résection complète de GISTs primaires à haut risque de récidives), Z9001 et EORTC 62024 (essais de phase III : essai randomisé en double aveugle de thérapie adjuvante, versus placebo, après résection complète de GISTs primaires), SSGXVIII (phase III : thérapie adjuvante 1 ou 3 ans après résection complète de GISTs primaires) (513). Cette utilisation de l'imatinib adjuvant vise à réduire au maximum l'émergence de clones à partir de la maladie résiduelle. D'après un première étude suédoise, seuls 4 % des patients ayant reçu de l'imatinb en situation adjuvante rechutent dans les 3 ans, contre 67 % des patients ayant subit de la chirurgie seule (364).

D'autres essais ont pour objectif de tester l'imatinib en situation néoadjuvante, c'est-à-dire pour diminuer la taille d'une GIST primaire ou métastatique avant la chirurgie (113). Cela permet soit de rendre possible la chirurgie d'une masse tumorale qui ne l'était pas, soit de réduire la morbidité de l'acte chirurgical (37). De plus le fait d'administrer l'imatinib avant l'opération est potentiellement plus fiable et en tous cas plus aisé que de faire prendre un médicament par voie orale à un patient qui vient de se faire opérer (513). Les patients métastatiques, dans la mesure où ils ne présentent pas de résistance multifocale, bénéficieraient d'un traitement par l'imatinib préalablement à la chirurgie (113). Par contre, une chirurgie chez les patients qui ont progressés sous imatinib ne semble pas intéressante (169).

De plus, l'association des deux approches est également en cours d'investigation (essais de phase II n°RTOG-0132 (http://www.rtog.org) et MDACC ID03-0023) (513).

Enfin, certains proposent de tester l'association de l'imatinib avec une chimiothérapie conventionnelle. En effet la résistance aux chimiothérapies conventionnelles étant potentiellement due à l'activation de molécules anti-apoptotiques par KIT, son inhibition par l'imatinib pourrait rendre les cellules tumorales sensibles aux cytotoxiques (469). De la même façon, associer l'inhibition du VEGFR (Vascular Endothelial Growth Factor Receptor) à celle de KIT pourrait permettre de sensibiliser les cellules tumorales aux chimiothérapies en améliorant leur disponibilité au sein de la tumeur (469).

La liste de l'ensemble des essais en cours concernant les GISTs est disponible à : http://clinicaltrials.gov/ct/search;jsessionid=38730920531661086313A67FE0B05F9A?term=gist&submit=search

3.4. AUTRES INHIBITEURS

3.4.1. Sunitinib

Le sunitinib est également une petite molécule (dérivé de l'indoline-2-one) qui bloque le site de liaison de l'ATP. Son utilisation a été approuvée par les instances américaines (Food and Drug Administration) le 26 janvier 2006 pour le traitement des GISTs avancées en échec ou intolérants à l'imatinib (115; 432). Dans une étude de phase III, le sunitinib permettait d'obtenir 7 % de réponse partielle et 58 % de stabilisation chez les patients métastatiques et résistants à l'imatinib (114). Le sunitinib, en plus de cibler KIT et PDGFRA, a des effets anti-angiogéniques par inhibition du VEGFR. A l'inverse de l'imatinib, les patients mutés sur l'exon 9 de *KIT* ou non mutés ont une meilleure réponse que ceux mutés sur l'exon 11 (312). De même, in vitro, les mutations secondaires touchant les exons 13 ou 14 de *KIT* sont sensibles au Sunitinib, tandis que celles des exons 17 et 18 sont résistantes (186).

3.4.2. Les autres molécules en développement ou en essai clinique

D'autres thérapies ciblées ont été développées avec différentes stratégies. Le dasatinib (BMS-354825) et l'AMG-706 sont deux autres molécules inhibant plusieurs RTKs avec une haute affinité pour KIT et le VEGFR (513) ; le dasatinib s'est même révélé plus efficace que l'imatinib pour inhiber certains mutants de KIT (451).

Certains sont actuellement testés cliniquement en association avec l'imatinib : PKC412 et AMN107 (469).

D'autres sont en essais clinique chez des patients réfractaires à l'imatinib : Nilotinib (AMN107) (412), sorafenib (BAY 43-9006) (http://clinicaltrials.gov/show/NCT00265798), AZD2171 (http://clinicaltrials.gov/show/NCT00385203), valatinib (PTK 787/ZK222584) (221), l'everolimus (RAD001 : inhibiteur de mTOR), et PKC412 l'inhibiteur de PKC (413).

D'autres stratégies visent à augmenter la dégradation de KIT. La molécule IPI-504, un inhibiteur de HSP90 (Heat shock protein 90), est en essai de phase I (http://clinicaltrials.gov/show/NCT00276302). En effet, HSP90 est une protéine chaperonne qui protège la protéine de la dégradation via le protéasome. Son inhibition diminue l'expression et la phosphorylation de KIT, et inhibe la prolifération et la survie de lignées de GISTs sensibles ou non à l'imatinib (27).

Enfin, La combinaison d'un inhibiteur de RTK avec un inhibiteur d'une voie de signalisation en aval (PI3K/AKT) ou d'un mécanisme alternatif, telle que la néoangiogenèse devrait pouvoir améliorer les résultats sur le long terme en repoussant la survenue de résistances (432). La voie PI3K/AKT, notamment, est une voie cruciale pour la survie des cellules de GISTs, dont l'inhibition in vitro a permis de sensibiliser des lignées résistantes à l'imatinib (25). La Perifosine (alkylphospholipides qui ciblent AKT et d'autres molécules intracellulaires de KIT) en association avec l'imatinib (http://clinicaltrials.gov/show/NCT00455559) ou le sunitinib (http://clinicaltrials.gov/show/NCT00399152) pourraient ainsi être des traitements prometteurs des GISTs résistantes.

La molécule Bcl-2 étant une de ces molécules anti-apoptotiques surexprimées dans les GISTs, l'Oblimersen, une molécule anti-sens de Bcl-2, en association avec l'imatinib est également en cours d'investigation clinique (http://clinicaltrials.gov/show/NCT00091078).

TRAVAUX DE RECHERCHE

1. CONTEXTE DE L'ETUDE ET OBJECTIFS

Depuis 1998, avec la découverte du rôle du proto-oncogène *KIT* et l'efficacité remarquable de l'imatinib sur ces tumeurs, un des premiers représentants des thérapies ciblées, les publications concernant les GISTs se sont accélérées et intensifiées, mais très peu en France.

En 2002, date du début pour moi de « l'aventure GISTs », le laboratoire de l'Hôpital Paul Brousse, associé à d'autres centres recruteurs en cancers digestifs, avait commencé à rassembler et analyser des prélèvements de GISTs provenant de divers endroits du territoire français.

Le premier objectif était d'identifier les caractères cliniques, phénotypiques et génotypiques de patients atteints de GIST en France ; cette série de patients allait constituer une des plus grandes séries mondiales rapportées à cette époque (article 1).

Par la suite nous avons été conduits à étudier la biologie de ces tumeurs afin de mieux comprendre le rôle de KIT dans la tumorigenèse (article 2, 3 et 4). Nous avons également recherché d'autres mécanismes qui pouvaient expliquer le développement des GISTs alors que ni *KIT*, ni *PDGFRA* n'étaient mutés (étude des GISTs NF1).

Enfin, nous avons développé un modèle cellulaire qui nous permettait d'étudier fonctionnellement l'effet des mutations de *KIT* au niveau cellulaire (article 5).

2. ETUDE DES GISTs

2.1. « Clinicopathologic, Phenotypic, and Genotypic Characteristics of Gastrointestinal Mesenchymal Tumors » (Article 1)

JF Emile, N Théou, S Tabone et al. *Clinical Gastroenterology and Hepatology (2004; 2:597-605).*

Contexte : L'intérêt de KIT dans le diagnostic des GISTs et le rôle majeur des mutations activatrices sont de découverte relativement récente (194; 448). Le traitement de la première patiente atteinte d'une GIST par l'imatinib, a rapidement suivi en 2001 (223). En 2003, Heinrich et al avait mis en évidence le rôle des mutations du gène *PDGFRA* (183).

Objectifs : Déterminer la fréquence des GISTs parmi les tumeurs mésenchymateuses digestives (les GISTs ayant longtemps été confondues avec les léiomyosarcomes, léiomyomes ou les schwannomes), ainsi que la fréquence des mutations sur le gène *KIT*, et enfin étudier l'impact de ces mutations sur le pronostic (encore largement débattu).

Méthodes : Etude rétrospective de l'ensemble des tumeurs digestives mésenchymateuses, associant diagnostic des GISTs par immunohistochimie, recherche des mutations de *KIT* et de *PDGFRA* par séquençage direct et LAPP (132), et enfin corrélation avec les caractéristiques clinicopathologiques de ces tumeurs.

Résultats : Cette étude, qui a inclus 276 patients, nous a permis de connaître leur caractéristiques cliniques (2/3 d'origine gastrique et 1/4 d'origine intestinale, âge médian de 60 ans, 87 % KIT positifs).

Les fréquences et la nature des mutations de *KIT* parmi les tumeurs KIT positives étaient les suivantes :
- <u>exon 11</u> : 50,3 %, hétérogènes (délétion : 86,7 % ; insertion : 5,5 % ; mutation : 7,8 %). La taille des délétions variait de 3 à 63 pb. Les codons les plus fréquemment touchés par les mutations étaient les codons 557 et 558, 9 % des cas de délétions étaient associés à une seconde mutation (délétion : 42,9 % ; insertion : 14,2 % ; mutation : 42,9 %). Quatre-vingt quatorze pourcents des mutations de l'exon 11 étaient hétérozygotes.
- <u>exon 9</u> : 5,1 % consistaient systématiquement en une insertion de 6 pb.

- D'autre part, 12 % des tumeurs KIT négatives présentaient une mutation dans l'exon 11 de KIT et 12 % des GISTs KIT positives mais non mutées sur KIT présentaient une mutation du gène PDGFRA (3 dans l'exon 12 et 2 dans l'exon 18).

En outre, la malignité des GISTs était significativement corrélée à l'âge, les localisations extra-gastriques, la taille, la nécrose, le nombre de mitose (seul paramètre également significatif en analyse multivariée) et les mutations portant sur les codons 562 à 579 (en particulier les codons 568 et 570). La présence de mutations de l'exon 11 avaient une tendance à être associées à des tumeurs à haut risque, mais de manière non significative ($P=0,06$).

Conclusions :
Cette étude nous a permis d'évaluer les caractéristiques clinique, histologique, phénotypique et génotypique de notre série de patients et allait être la base de nos futures investigations.

Discussion :
- ➤ Nous avons observé que le nombre de mitoses était le seul facteur associé significativement à la malignité toutes GISTs confondues. Aujourd'hui encore, il reste, avec la taille de la tumeur, un des 2 critères utilisés pour la classification des GISTs en différents niveaux de risques de progression (432),
- ➤ Certains codons de l'exon 11 étaient plus fréquemment délétés (557 et 558), or ces 2 codons font justement partie des codons les plus importants dans la conformation de l'hélice α du domaine juxtamembranaire pour exercer son inhibition de l'activité kinase (304).
- ➤ Les mutations de l'exon 9 ne survenaient que dans les GISTs intestinales, ce qui a également été observé par d'autres équipes (12; 275).
- ➤ 9 % des patients présentaient une double mutation, cette seconde mutation ne semblait pas conférer un plus grand potentiel prolifératif à ces tumeurs. Le phénomène de double mutation a également été rapporté par d'autres équipes (12; 194; 241; 494).

➤ 6 % des mutations retrouvées dans l'exon 11 de KIT étaient homozygotes. Cette fréquence est relativement proche des 4 % obtenus d'après la base de données AFIP répertoriant toutes les mutations de KIT (279). Comme nous (131), Lasota montre que les mutations homozygotes sont corrélées à un plus grand potentiel malin. L'acquisition sur le deuxième allèle d'une mutation identique au premier allèle, pourrait être le résultat d'une duplication de l'allèle muté qui fait suite à la perte préalable de l'allèle WT. Bien que Lasota suggère que ce phénomène pourrait représenter un marqueur de progression tumorale (279), nous pensons que la présence de 2 allèles mutés pourrait avoir un effet oncogénique supérieur et ainsi être à l'origine d'une plus grande agressivité tumorale (131).

➤ 12 % des tumeurs KIT négatives présentaient des caractères histologiques compatibles avec les GISTs et une mutation du gène KIT ou du gène PDGFRA. Ce résultat ayant également été décrit par une autre équipe (494), nous suggérions fortement de considérer ces tumeurs comme de véritables GISTs. De plus, ce type de tumeurs semblait répondre au Glivec (321). Depuis, les dernières recommandations de consensus préconisent une recherche systématique de mutation lorsqu'une tumeur présente des caractères histologiques typiques d'une GIST et qu'elle est KIT négative en IHC (38). Il existerait cependant des tumeurs n'exprimant pas KIT en immunohistochimie, et ne possédant pas non plus de mutations sur KIT ou PDGFRA, mais présentant les caractéristiques histologiques des GISTs, ainsi que l'expression de PKCθ (110).

➤ Enfin, nous avons observé que la présence de délétions dans la partie distale de KIT (codons 562 à 579), était fortement associée à la malignité. Ce type de délétions a également été décrit plus récemment, comme étant un mauvais facteur de réponse à l'imatinib, alors que les mutations de l'exon 11 sont globalement « favorables » (109). Or il est intéressant de noter que la région distale de l'exon 11 contient 2 tyrosines phosphorylées dont le rôle dans la signalisation de KIT est majeur ; elles sont notamment responsables de l'initiation de la voie SRC/RAS/MAPK (294) et sont la cible de phosphatases régulant leur phosphorylation (264), ainsi que de la dégradation par la voie cbl/ubiquitination (316; 483; 579).

2.2. "High expression of both mutant and wild-type alleles of c-kit in gastrointestinal stromal tumors" (Article 2)

N Théou, S Tabone et al. Biochimica et Biophysica Acta (2004; 1688:250-6).

Contexte : Suite à la caractérisation de notre cohorte de patients, nous souhaitions mieux comprendre les mécanismes de tumorigenèse des GISTs. En 2002, l'essentiel des travaux concernait la description de l'effet activateur des différentes mutations retrouvées dans les GISTs. Parallèlement, des résultats observés dans un autre modèle nous avaient donné envie de voir ce qu'il en était pour les GISTs. En effet, l'isoforme GNNK-, décrite comme plus tumorigène que GNNK+ (70), était préférentiellement exprimée dans certaines leucémies (93; 395). Nous nous sommes alors intéressés à l'expression des transcrits de KIT au sein des GISTs.

Objectifs : Comparer, entre les tumeurs mutées et non mutées : la quantité d'ARNm total de KIT, le ratio des allèles mutés ou non, ainsi que des isoformes GNNK + ou -.

Méthodes : Nous avons quantifié dans un premier temps, les ARNs messagers de KIT par PCR quantitative, le nombre de copies étant évalué par le ratio KIT/18S. Puis, par une technique de LAPP (Length Analysis of Polymerase chain reaction Products) (132), nous avons recherché l'expression des 2 isoformes de KIT (GNNK+ et GNNK-)

Résultats :

> ➤ La surexpression de KIT était très variable selon les échantillons, mais globalement supérieure dans les GISTs par rapport à lignée de mastocytose HMC1 (Human Mast Cell Line 1) (1,9 fois plus importante) et l'expression de KIT des GISTs mutées est significativement plus importante que celle des non mutées ($P<0,003$).

> ➤ Tous les échantillons de GISTs coexprimaient les 2 isoformes GNNK, avec une prédominance de l'isoforme GNNK-. Il n'y avait pas d'expression différentielle entre les tumeurs mutées et non mutées (ratio = 4,4 pour les tumeurs mutées et 4,1 pour les tumeurs non mutées), ni avec les groupes contrôles (mastocytes et les cellules interstitielles de Cajal) qui exprimaient aussi préférentiellement l'isoforme GNNK-.

- Les 2 allèles, mutés ou non, étaient exprimés également sous les 2 isoformes (GNNK- toujours prédominante). Seuls 2 cas exprimaient un seul allèle, l'allèle muté, exprimant aussi préférentiellement l'isoforme GNNK- (ces 2 cas ont été confirmés dans l'article 3 comme présentant une monosomie du chromosome 4).

Conclusions : Cette étude a permis de mettre en évidence, que les GISTs mutées exprimaient plus d'ARNm de KIT que les GISTs non mutées, et de relativiser l'intérêt de l'isoforme GNNK- dans un mécanisme potentiel de tumorigenèse des GISTs.

Discussion :
- les GISTs non mutées ainsi que les GISTs mutées exprimaient préférentiellement l'isoforme GNNK-, ce qui confirmait les résultats publiés entre temps en 2002 par une autre équipe avec une technique de quantification moins précise et sur un nombre plus faible de tumeurs (10).
- l'expression préférentielle de l'isoforme GNNK- étant aussi observée dans les mastocytes ou les cellules interstitielles de Cajal, l'intérêt de l'isoforme GNNK- dans un mécanisme potentiel de tumorigenèse des GISTs semble faible. GNNK- avait été décrit in vitro comme ayant une capacité de transformation augmentée (70)
- notre étude a également permis de mettre en lumière la complexité de l'expression des transcrits de KIT au sein de ces tumeurs. En effet, les 2 allèles sont exprimés, et chacun se présentent sous les 2 isoformes. Le 2ème site d'épissage (+/-Ser), qui n'a pas été étudié, et dont on ne connaît pas les conséquences biologiques, pourrait encore ajouter un niveau de complexité. On imagine alors in vivo, le nombre de possibilité d'association lors de l'activation et de la dimérisation du récepteur KIT, chaque association pouvant avoir des conséquences différentes en terme d'activation et des voies de signalisation.
- Enfin, tous les modèles cellulaires de GISTs actuellement publiés ont été obtenus par transfection de l'allèle sauvage ou muté. Nos travaux démontrent qu'un bon modèle d'étude des GISTs devrait coexprimer en proportion équivalente les allèles mutés et sauvages.

2.3. « KIT overexpression and amplification in gastrointestinal stromal tumors (GISTs) » (Article 3)

S Tabone, N Théou et al. Biochimica et Biophysica Acta (2005; 1741:165-72).

Contexte : Alors qu'il était admis que toute GIST était caractérisée par l'expression de KIT en immunohistochimie, nous et d'autres avions observé que près de 10 % de tumeurs possédaient les principales caractéristiques de GISTs, excepté l'expression de KIT. Nous avions même détecté des mutations activatrices de *KIT* dans 12 % de ces tumeurs. Cela suggérait qu'il ne fallait pas exclure du diagnostic les GISTs KIT négatives et nous a conduit à nous intéresser aux mécanismes à l'origine de la surexpression de KIT. Dans le cancer du sein l'amplification génique est responsable de la surexpression de HER2 (Human epidermal growth factor 2) (360; 470) ce qui nous a conduit à analyser notamment l'amplification de *KIT* dans les GISTs.

Objectifs : Comprendre les mécanismes de cette surexpression et identifier un lien éventuel avec la présence de mutations.

Méthodes : Analyse du nombre de copies du gène (PCR quantitative en temps réel et FISH), des quantités de transcrits (PCR quantitative en temps réel) et de l'expression protéique (western blot) sur des prélèvements de GIST.

Résultats : 1 seul cas d'amplification a été observé. Les expressions d'ARN et de protéines étaient variables parmi les patients (tendance à être supérieure chez les mutés), mais corrélées entre elles pour un patient donné ($r = 0.82$; $P<0.01$).

Conclusions : Les amplifications génomiques sont des évènements relativement rares donc sans doute pas à l'origine de la surexpression. Par contre la corrélation entre le niveau d'expression des transcrits et celui des protéines suggère plutôt un mécanisme de dérégulation au niveau transcriptionnel.

Discussion :

➤ Comme nous, la plupart des auteurs, qui s'y sont intéressés, n'ont observé que peu de cas d'amplification du gène *KIT* dans les GISTs ; ceci que ce soit dans le cadre de recherche de l'anomalie moléculaire initiale, ou dans l'identification de mécanismes de résistance à l'imatinib (106; 181; 344; 465; 509).

➤ Un mécanisme qui pourrait être responsable de l'augmentation du niveau d'expression des transcrits est une modification de la stabilité des ARNm du fait de la présence d'une mutation sur le gène. Des cytokines, telles que TNF-α (Tumor Necrosis Factor alpha) et TGFβ1 (Transforming Growth Factor beta-1) sont généralement décrites comme diminuant la demie-vie de l'ARNm de KIT (184; 529). Nous n'avons malheureusement pas pu tester cette hypothèse, car la vérification de la stabilité des ARNm nécessite de travailler sur des cellules en culture, et non pas sur des prélèvements tumoraux. Cependant, nos travaux antérieurs sur l'expression relative des allèles mutés ou WT, montraient que ces derniers avaient des niveaux d'expression comparables (502), suggérant qu'il ne pourrait s'agir d'un mécanisme touchant l'allèle muté seul.

➤ Un autre mécanisme pourrait impliquer la liaison préférentielle d'un facteur de transcription sur l'ARN muté, qui activerait l'allèle WT en trans. Le promoteur du gène *KIT* est maintenant relativement bien connu. On sait notamment que le promoteur interagit avec différents facteurs de transcription, tels que SCL, Myb, MITF, Sp1, AP-2, GATA-1 et Ets (204; 265; 283; 383; 410; 516; 529), mais, mise à part la perte d'AP-2 concomitante à celle de KIT dans le développement de métastases de mélanomes (23), leur rôle dans le développement tumoral n'a pas été étudié. On sait encore moins si la présence de mutations, relativement éloignées du promoteur, pourrait modifier la liaison et l'activité de ces facteurs de transcription.

➤ Les voies de signalisation des GISTs mutées étant différentes des WT, on peut imaginer qu'elles pourraient conduire à la transcription préférentielle de certains gènes, comme des facteurs activateurs de la transcription de *KIT*. Dans ce modèle, l'expression de KIT serait favorisée dans les cellules porteuses de mutations activatrices du gène. Notons que le facteur de transcription HMGB1 est surexprimé chez les GISTs mutées (84). HMGB1 a été initialement identifiée comme une protéine liant l'ADN chromosomique (60). Mais elle a été également décrite dans le milieu extracellulaire où elle pourrait jouer un rôle dans l'inflammation et la formation de métastases (354; 386; 485; 539). Concernant son rôle nucléaire, HMGB1 augmente l'affinité de liaison de plusieurs facteurs de transcription (36) et pourrait permettre ainsi l'activation de la transcription de nombreux gènes impliqués dans la croissance et l'invasion tumorale. Dans les GISTs, son expression a notamment été associée à celle des métalloprotéinases (84).

➢ Cependant, les résultats concernant l'expression supérieure des transcrits dans le groupe des GISTs mutées sont à relativiser, car parmi les patients dits « WT » se trouvaient en fait des patients mutés sur le *PDGFRA*. Or, lorsque le *PDGFRA* est muté, les tumeurs surexpriment le PDGFRA, plutôt que KIT (175; 231; 482). La surexpression du récepteur (KIT ou PDGFRA) semble donc liée, indirectement ou non, à la présence de mutations activatrices.

Perspectives :

➢ Un modèle cellulaire nous permettrait d'analyser la stabilité des ARN, qui n'est pas réalisable dans les extraits tumoraux.

➢ La surexpression de l'un ou l'autre des récepteurs (KIT et PDGFRA) étant souvent associée à la présence de mutations activatrices sur le récepteur en question, il serait intéressant d'en comprendre le mécanisme. Est-ce le récepteur activé qui induit sa propre transcription, ou bien est-ce que les mutations perturbent son interaction avec des facteurs de transcription ? L'influence des mutations sur l'activité du promoteur de *KIT* devrait être étudiée en détail, notamment grâce à des essais à la luciférase.

➢ De la même façon, d'autres RTKs non encore identifiés, pourraient être impliqués dans la physiopathologie des GISTs WT qui n'expriment ni KIT, ni PDGFRA.

➢ De plus, l'existence de boucles autocrines avec KIT ayant été décrites dans différents cancers (192; 193; 213; 256; 267; 269; 398; 419; 582), et pouvant être associées à une surexpression de KIT, il nous paraissait intéressant d'évaluer cette possibilité dans les GISTs (voir article suivant).

➢ Enfin, depuis l'avènement des miRNA, les études montrant leur implications dans les cancers vont croissant (voir pour revue (62)). Ces petits fragments d'ARN inhibiteurs peuvent être responsables de régulations positives ou négatives de nombreux transcrits (532). Il serait intéressant de comparer des profils d'expression de miRNA en fonction du génotype des GISTs.

2.4. « Co expression of SCF and KIT in gastrointestinal stromal tumours (GISTs) suggests an autocrine/paracrine mechanism » (Article 4)

N Théou-Anton, S Tabone et al. British Journal of Cancer (2006; 94:1180-5).

Transition/contexte : le rôle de KIT est majeur dans l'oncogenèse des GISTs, mais peu d'études se sont intéressées à celui du ligand. Une proportion non négligeable de GISTs n'ayant pas de mutations activatrices de KIT et la grande majorité des patients étant porteurs de mutations hétérozygotes (la forme WT pouvant donc potentiellement répondre au ligand), ceci nous a conduit, à étudier l'expression du ligand.

Objectifs : étudier les mécanismes d'activation des GISTs non mutées sur KIT ou PDGFRA ; déterminer notamment si le SCF peut jouer un rôle par un mécanisme de régulation autocrine et/ou paracrine.

Méthodes : étudier l'activation de KIT et l'expression du SCF au sein même des GISTs et leur relation avec la présence ou non de mutations.

Résultats : KIT est activé dans l'ensemble des GISTs, même chez les non mutées, et parallèlement, le SCF est produit par les cellules de GIST.

Conclusions : le SCF participe certainement en partie à l'activation de KIT, notamment chez les non mutés, mais aussi chez les patients mutés qui sont hétérozygotes pour la plupart.

Discussion :

> ➤ Nous montrons ici que les mutations activatrices (hétérozygotes notamment) ont finalement peu d'impact sur l'activation globale du récepteur, puisque KIT est retrouvé phosphorylé dans la quasi totalité des GISTs, indépendamment de leur statut mutationnel. Si l'ubiquité de l'activation de KIT dans les GISTs était déjà connue (11; 183; 433), peu ont essayé d'en comprendre le mécanisme.

- Nos résultats concernant la production de SCF par les cellules tumorales de GISTs, étaient donc tout à fait novateurs et apportaient un nouvel éclairage de la biologie des GISTs. Le SCF participerait non seulement à l'activation de l'allèle WT de KIT, mais, d'après les études de Duensing, il aurait aussi un effet activateur supplémentaire sur certaines mutations partiellement dépendantes du ligand, comme le mutant de l'exon 9 de la lignée GIST544 (125).

- La présence de KIT et celle de son ligand, associés dans un mécanisme de boucle autocrine, ont déjà été décrites dans d'autres tumeurs : cancer du poumon à petites cellules (192; 267), carcinomes du sein (193), tumeurs gynécologiques (213; 256), carcinomes colorectaux (269), tumeurs hématologiques (398; 582), sarcomes d'origine neuroectodermique (419). Cependant, le SCF étant produit par de nombreux types cellulaires dans l'organisme, comme les fibroblastes qui appartiennent au stroma cellulaire (18; 71), nous avons montré au cours de ce travail, que le SCF était bien produit par les cellules tumorales elles-mêmes.

- Enfin, la production autocrine de SCF par la tumeur est peut-être un évènement nécessaire à la tumorigenèse. En effet, les allèles WT et muté étant co-exprimés, on peut raisonnablement penser qu'une hétérodimérisation entre les 2 formes du récepteur est possible. Dans ce cas, même si la forme mutée est constitutionnellement activée, la forme sauvage pourrait avoir besoin du ligand pour être activée et lever l'inhibition qu'elle exerce en trans sur la forme mutée (73).

Perspectives

- Le SCF pourrait faire parti des gènes cibles transcrits lors de l'activation de KIT et ainsi entretenir une boucle autocrine. Un essai à la luciférase permettrait d'évaluer l'activité du promoteur du SCF sous l'effet de l'activation de KIT.

- Bien que la présence de SCF au sein de la tumeur minimise le rôle des mutations dans la phosphorylation du récepteur, le rôle des mutations activatrices dans la genèse des GISTs semble majeur (modèle animal de souris, GISTs familiales,...). Il nous paraissait intéressant d'étudier le rôle des mutations plutôt sous l'angle qualitatif de la modulation des voies de la transduction du signal. C'est en effet une des objectifs avec lequel nous avons développé notre modèle cellulaire (voir chapitre suivant). Ceci a été étudié par d'autres depuis (125; 182; 187).

➢ Comme nous l'avons souligné plus haut, il est probable que les formes sauvages et mutées du récepteur puisse s'hétérodimériser. Il nous paraissait donc important d'en vérifier la possibilité. Mais ceci étant difficilement réalisable dans les extraits tumoraux, l'alternative était également d'établir un modèle cellulaire qui nous permettait d'étudier la possibilité et les conséquences biologiques d'une telle association.

2.5. "GISTs with homozygous *KIT* exon 11 mutations" (Lettre à l'éditeur)
JF Emile, JB Bachet, S Tabone-Eglinger et al. Gastroenterology (sous presse).

Contexte : Comme d'autres, nous avions rapporté que environ 4 % des GISTs présentaient des mutations homozygotes (sur l'exon 11), seul l'allèle muté étant détectable (131; 134; 279). Or récemment, Lasota et al a suggéré que la plupart de ces mutations homozygotes résultaient d'une perte de l'allèle WT et d'une duplication de l'allèle muté, qui pourraient correspondre à une recombinaison chromosomique.

Objectifs et Méthodes : Vérifier, sur une série de 27 prélèvements congelés de GIST, la nature homozygote des mutations avec une technique plus fiable (LAPP sur ADN génomique), étudier les conséquences biologiques des ces mutations (LAPP sur ADNc) et évaluer leur valeur pronostique dans les GISTs (association avec des rechutes ou la présence de métastases).

Résultats et Discussion :
- 15% des échantillons présentaient une mutation homozygote de l'exon 11 (hauteur du pic de l'allèle muté > 1,5 fois celui de l'allèle sauvage).
- Alors que les mutants hétérozygotes exprimaient en quantité similaire les allèles sauvage et muté, les mutants homozygotes n'exprimaient que l'allèle muté. Ces résultats suggéraient que le potentiel oncogénique du proto-oncogène KIT pourraient être supérieur chez les patients homozygotes, par rapport aux patients hétérozygotes qui expriment aussi un allèle sauvage. Des études in vitro avaient notamment montré que le peptide du domaine juxtamembranaire sauvage avait une action inhibitrice en trans sur le peptide oncogénique (73).
- Enfin, nous avons montré que la majorité des GISTs (88%) avec mutations homozygotes de KIT développaient des métastases, de manière significativement supérieure à la fréquence de métastases observées dans la population globale de GISTs (26 à 45%).

Conclusions : La présence de mutations homozygotes de KIT dans les GISTs est corrélée avec un mauvais pronostic, mais il reste à définir s'il s'agit d'un marqueur de progression tumorale ou si ces mutations ont un réel effet oncogénique intrinsèque.

2.6. Autres mécanismes de tumorigenèse des GISTs : étude des GISTs/NF1
Résultats n'ayant pas fait l'objet d'une publication.

Contexte : Dix à 12 % des GISTs sont KIT négatives et ne sont ni mutées pour *KIT* ni pour *PDGFRA*. Il nous a parut intéressant d'essayer si d'autres mécanismes pouvaient être mis en jeu dans l'oncogenèse. Au regard de la première prédisposition familiale de GIST, constituée par la Neurofibromatose de type I, nous avons porté notre regard sur l'implication potentielle du gène suppresseur de tumeur *NF1*. En 2002, début de nos investigations, aucune étude n'avait encore été publiée à ce sujet.

Objectifs : étudier les altérations géniques et les voies de signalisation des GIST/ NF1 afin de déterminer s'il existe une synergie de KIT et de la neurofibromine sur la voie ras.

Matériel et méthodes : Etude des altérations moléculaires et des voies de signalisation : de GISTs sporadiques, de GISTs/NF1, et de tumeurs malignes des gaines nerveuses périphériques (MPNSTs) qui sont également fréquemment observées chez les patients NF1.

- **Echantillons**

Sur les 64 prélèvements inclus en paraffine, qui ont été utilisés pour la détection des mutations de *KIT* et *PDGFRA*, 5 étaient des GISTs sporadiques, 2 des GISTs/NF1, 27 des MPNSTs/NF1 et 30 des MPNSTs sporadiques.

Parallèlement, nous avons recherché la perte d'hétérozygotie du gène *NF1* sur 75 prélèvements tumoraux inclus en paraffine (73 GISTs mutées ou non; 2 GISTs/NF1), ainsi que dans les échantillons non tumoraux correspondants.

L'étude des voies de signalisation a été réalisée à partir de 20 échantillons congelés de tumeurs (3 MPNSTs, 1 MPNST/NF1, 1 GIST/NF1, 2 GISTs non mutées, 3 GISTs mutées).

- **Détection des mutations de *KIT* et *PDGFRA***

Les analyses de séquence des exon 9, 11, 13, 17 de *KIT* et 12 et 18 du *PDGFRA* ont été réalisées sur de l'ADN extrait de blocs d'inclusion en paraffine. La détection des mutations est réalisée comme précédemment décrit (132). Brièvement, délétions et insertions des exons 9 et 11 de *KIT* et des exons 12 et 18 du *PDGFRA* sont mises en évidence grâce à la technique de LAPP (Length Analysis of PCR Products, brevet n°01 11474). Puis, la nature exacte des mutations est analysée par un séquençage direct des produits d'amplification purifiés est réalisé pour les exons 9, 11, 13, 17 de *KIT* et des exons 12 et 18 du *PDGFRA*. L'analyse des mutations en LAPP ou en séquence est effectuée par électrophorèse capillaire (*ABI PRISM 310, Applied Biosystems*).

- **Recherche de perte d'hétérozygotie du locus *NF1***

Trois marqueurs de polymorphisme du locus *NF1* sont utilisés MFD15, IV38 et IV27 (séquences

<u>Tableau 6</u>) sur l'ADN extrait des tumeurs et des tissus sains des patients. Les fragments amplifiés (environ 200 pb), sont analysés en électrophorèse capillaire. Un patient est dit informatif pour un marqueur de polymorphisme lorsque 2 allèles distincts sont observés de façon somatique (sur le prélèvement non tumoral). On dit qu'il y a perte d'hétérozygotie du locus *NF1*, lorsqu'au moins 2 des 3 marqueurs montrent la perte d'un allèle dans le prélèvement tumoral par rapport au non tumoral.

PRIMERS	Fluorescence (LAPP)	SEQUENCES
MFD15 F	6 FAM	5' GGAAGAATCAAATAGACAAT 3'
MFD15 R		5' GCTGGCCATATATATATTTAAACC 3'
IVS38 F	TET	5' CAGAGCAAGACCCTGTCT 3'
IVS38 R		5' CTCCTAACATTTATTAACCTTA 3'
IVS27 F	HEX	5' GTTCTCAACTTAAATGTAAGT 3'
IVS27 R		5' GAACATTAACAACAAGTACC 3'

<u>Tableau 6</u> : Primers utilisés pour étudier le polymorphisme du locus NF1

- **Western Blot**

Les fragments congelés de tumeurs sont ici cryobroyés (*Cryo-Rivoire, France*), puis lysés pendant 30 min à 4°C dans 5 volumes de tampon (20 mM de Tris, 150 mM de NaCl, 1 mM d'orthovanadate de sodium, 10 mM de NaF, 1 mM de PhénylMéthylSulfonylFluoride,

0,5 µg/ml de leupeptine, 1 µg/ml de pepstatine A, 10 UI/ml d'aprotinine et 1 % de Triton X-100). Le matériel insoluble a été éliminé par une centrifugation à 10000 rpm, 15 min à 4°C.

Les protéines extraites, sont dosées (*kit DC Protein Assay, Biorad*), reprises dans du tampon Laemmli avec B-mercapto-éthanol, puis portées 3 à 5 min à 100°C. Elles sont ensuite déposées (20 µg environ), séparées sur un gel de polyacrylamide de gradient (5-15 %) en tampon Tris/Glycine/SDS, puis transférées sur membrane de PolyVinylidèneDiFluoride (*Amersham Biosciences*, Saclay, France) en milieu humide (Tris/Glycine/ méthanol). Les anticorps primaires, puis les anticorps secondaires (couplés à la peroxydase), sont incubés dans les conditions décrites dans le Tableau 7 et sont révélés par chimioluminescence.

ANTICORPS	Laboratoire	ESPECE	Taille attendue (Kd)
KIT	Dako	lapin	125/145
phosphoKIT Y703	Biosource	lapin	125/145
Raf1	Santa-Cruz	lapin	74
phosphoRaf1	Cell Signaling	lapin	74
AKT	Santa-Cruz	lapin	60
phosphoAKT	Cell Signaling	lapin	60
ERK1,2	Cell Signaling	lapin	42/44
phosphoERK1,2	Cell Signaling	lapin	42/44
Beta-Actine	Sigma	souris	42

Tableau 7 : Anticorps pour le western blot de l'étude GISTs/NF1

Résultats :

- **mutations de *KIT* :**

Nous avons retrouvé des mutations dans l'exon 11 de *KIT* chez les 4 des 5 GISTs sporadiques (Figure 24), des mutations dans l'exon 11 de *KIT* chez 1 des 2 MPNST/NF1, mais pas de mutations chez les MPNSTs simples ni chez les GISTs/NF1. Nous n'avons pas observé de mutation du *PDGFRA*. La présence de mutations de *KIT* chez des MPNSTs/NF1 est intéressante, mais étrange étant donné la localisation des tumeurs (mollet et mésentère) et leur négativité pour KIT en IHC, ces résultats doivent être pris avec précaution.

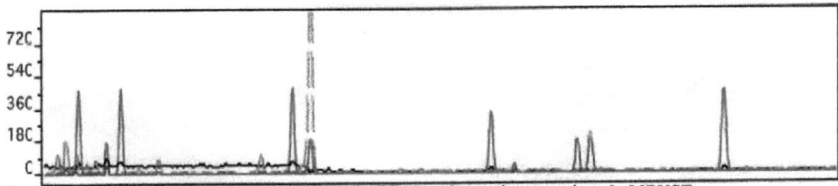

Figure 24 : Analyse des mutations de KIT en LAPP chez des patients atteints de MPNST.
Exemple de délétion de 3 pb de l'exon 11. Les pics rouges correspondent aux marqueurs de taille. De gauche à droite, le premier pic bleu correspond à l'amplification de l'exon 9 ; les 2 petits pics bleus suivants correspondent respectivement à l'allèle délété de 3 pb de l'exon 11 et à l'allèle normal.

- **perte d'hétérozygotie du gène *NF1* :**

Parmi les 75 échantillons étudiés, 57 étaient informatifs (c.a.d. lorsque 2 allèles distincts sont observés sur le prélèvement non tumoral). Nos résultats montrent que 6/57 (soit 11 %) des GISTs ont une perte d'hétérozygotie du gène *NF1* (Figure 25). Ces pertes d'hétérozygoties ne sont pas significativement plus fréquentes dans le groupe des GISTs non mutées (n=4) ou dans le groupe des GISTs mutées (n=2).

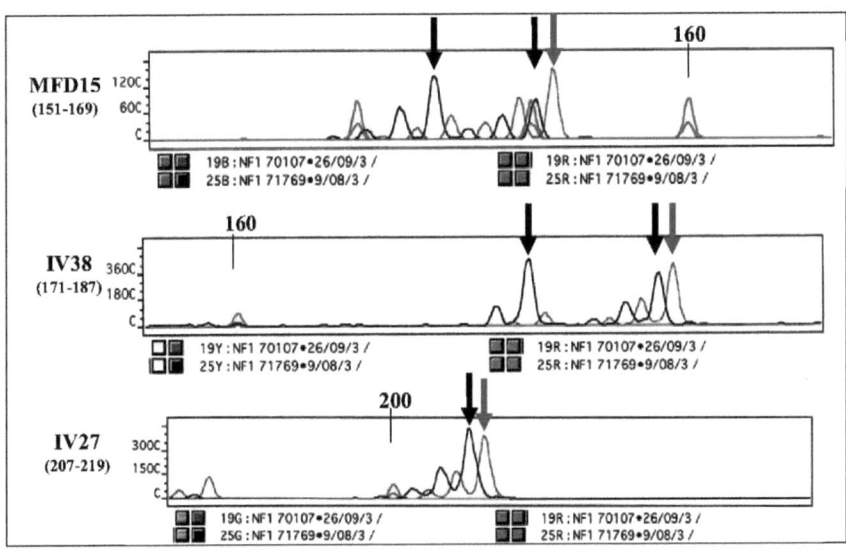

Figure 25 : Recherche de perte d'hétérozygotie du locus *NF1* dans des prélèvements de MPNST

Exemple de perte d'hétérozygotie sur 2 marqueurs du locus *NF1* chez un patient atteint de GIST Le tracé rouge représente le marqueur de taille, le noir correspond à un prélèvement non tumoral d'un patient et en bleu le prélèvement tumoral. Les pics identifiés comme les allèles spécifiques du patient sont indiqués, pour chaque prélèvement tumoral ou non, par les flèches avec le même code de couleur que précédemment.

- **voies de signalisation:**

Nous avons tout d'abord étudié l'expression et l'activation de KIT grâce à des anticorps reconnaissant respectivement KIT et la tyrosine phosphorylée 703 de KIT. On peut observer que l'expression et l'activation de KIT sont présentes chez une majorité de MPNSTs mais totalement absentes des tumeurs malignes de NF1 étudiées (**Figure 26**).

Nous avons ensuite étudié l'activation de la voie RAS (initiée par la phosphorylation de la tyrosine 703 de KIT) dans notre panel de tumeur. Pour cela nous avons utilisé des anticorps reconnaissant Raf1 (une protéine intracellulaire activée directement par Ras). On remarque que l'expression de Raf1 est variable, tandis que l'activation est assez homogène sauf pour 2 des 3 de MPNST mutées pour *KIT* où la phosphorylation est plus intense (**Figure 26**). Nous n'avons pas pu mettre en évidence une activation supérieure de la voie RAS chez le GIST/NF1 par rapport aux autres. Il n'y aurait donc pas de synergie d'activation de la voie RAS par perte de fonction de *NF1* et activation de KIT dans des tumeurs de type GIST/NF1.

Nous avons également étudié l'activation de certaines voies de signalisation intracellulaires telle que la voie des MAPKs et PI3K/AKT. Tout comme pour Raf1, l'expression et la phosphorylation de ERK et AKT n'est pas significativement différente chez le patient GIST/NF1 en comparaison des autres tumeurs (**Figure 26**).

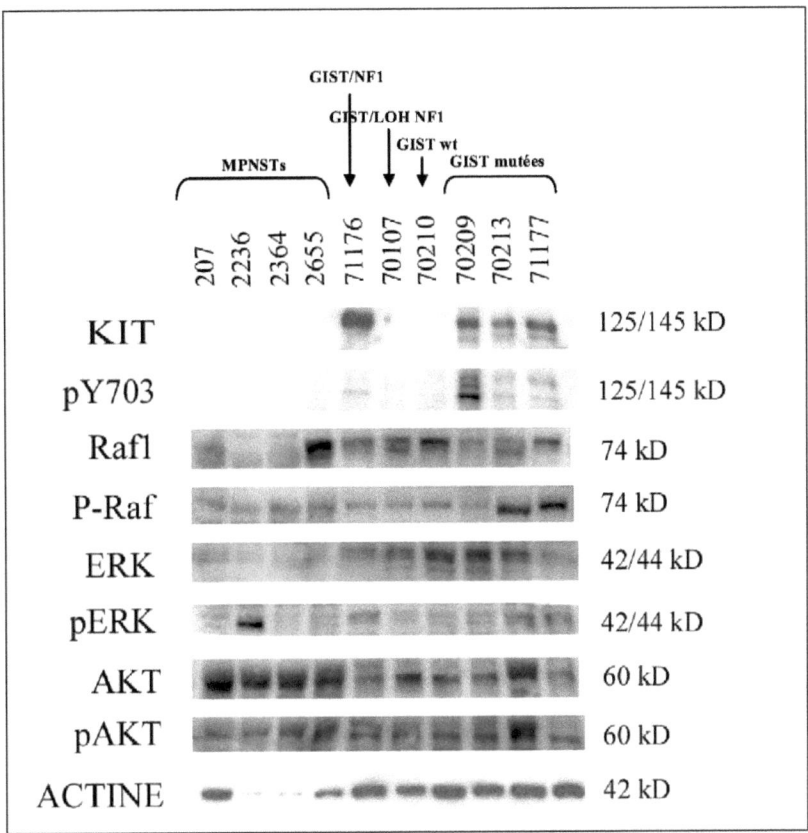

Figure 26 : Comparaison des voies de signalisation de MPNSTs, et de GIST, NF1 ou non.
De haut en bas : expression de KIT (125 et 145 kD), phosphorylation de la tyrosine 703 de KIT, expression et phosphorylation de Raf1 (74 kD), expression et phosphorylation de ERK1,2 (44,42kD), expression et phosphorylation de AKT (60 kD).

Conclusions : nous n'avons pas pu mettre en évidence de différence d'activation de la voie RAS entre les GISTs sporadiques et les GISTs/NF1. Ce point mériterait d'être confirmé sur un plus grand nombre de prélèvements congelés, mais la rareté des GISTs/NF1 rend la chose très difficile. En outre, les mutations activatrices de *KIT* et la perte de fonction de *NF1* ne semblent pas être des évènements majeurs pour expliquer la fréquence de survenue des GISTs chez les patients NF1.

Discussion :

➢ Comme nous, la plupart des études publiées n'observent pas (9; 245; 307; 326; 480) ou de rares (489; 567) mutations de *KIT* et *PDGFRA* dans les GISTs/NF1.

➢ De la même façon, des anomalies moléculaires du gène *NF1* sont rapportées dans les GISTs/NF1 (245; 307; 480), mais pas dans les GISTs sporadiques (245). En contraste avec la seule étude comparable (245), nous observons des pertes d'hétérozygotie du gène *NF1* dans les GISTs sporadiques (avec ou sans mutation de *KIT* ou du *PDGFRA*) ; cette proportion reste cependant relativement faible (11 % des GISTs sporadiques analysées). Bien que cette observation devrait être vérifiée par une technique d'étude du gène *NF1* plus directe, cela suggère que les mutations de *KIT* ou *PDGFRA* et la perte d'hétérozygotie de *NF1* représentent des évènements oncogéniques indépendants.

➢ Les rares mutations de *KIT* détectées dans les tumeurs NF1, ainsi que le peu d'anomalies du gène *NF1* retrouvées dans les GIST, suggèrent que les formes sporadiques et les formes liées à la NF1 représentent deux mécanismes de tumorigenèse différents, et rejoignent ainsi les différentes études publiées.

➢ Parallèlement, l'activation de KIT ou PDGFRA et la perte de fonction de *NF1* ayant comme conséquence commune l'activation de la voie RAS, nous avons essayer de montrer que cette dernière pourrait être l'évènement central dans le mécanisme de tumorigenèse des GISTs. Seule l'étude de Maertens a également comparé les voies de signalisation de GIST sporadiques (1 tumeur et 1 lignée établie) et de GIST/NF1 (3 patients) (307). Comme nous, cette étude montre dans les GISTs/NF1 étudiées, que KIT est exprimé et activé.. En revanche, ils montrent que ERK est phosphorylé avec une intensité supérieure, tandis que la voie AKT est moins activée dans les GISTs/NF1 que dans les GISTs sporadiques. D'autre part, Raf1 qui est normalement un intermédiaire entre l'activation de Ras et celle des MAPK, n'est pas plus intensément phosphorylé dans notre échantillon de GIST/NF1.

➢ Si la surexpression et l'activation de KIT dans les GISTs/NF1 sont cohérentes avec le développement de GIST, son origine elle n'est encore pas élucidée. Nous montrons précédemment que l'activation de KIT, malgré l'absence de mutation, est due en partie par la production de ligand par les cellules tumorales et pourrait être la conséquence d'hétérodimérisations avec d'autres RTK activées (197; 378; 584). Il pourrait également exister une relation directe entre la perte de fonction de *NF1* et l'activation de KIT. En effet, Badache avait observé, dans des lignées dérivées de schwannomes malins NF1, une corrélation entre la surexpression de KIT et l'absence de la neurofibromine, alors que KIT n'est pas normalement exprimé dans les cellules de Schwann. KIT est phosphorylé dans ces échantillons, mais son inhibition spécifique ne diminue pas la prolifération des lignées, au contraire de son activation par le SCF qui a un effet positif (20). Au final, même si les mécanismes exacts reliant KIT à la neurofibromine restent à être élucidés, l'implication d'une boucle autocrine de KIT dans le développement de ces sarcomes est probable. Or vu le rôle majeur que joue KIT dans les GISTs, il suffirait peut-être que le schwanome malin se développe au niveau du tractus digestif pour que celui-ci se transforme en GIST.

Perspectives :

- Réaliser une analyse directe des mutations de *NF1* dans nos GISTs sporadiques (séquençage ou DHPLC).
- Obtenir un plus grand nombre de prélèvements GIST/NF1 congelés pour pouvoir conclure sur les différences observées sur les voies de signalisation avec les GISTs sporadiques.
- Avoir un modèle in vitro (lignée primaire de GIST/NF1 et/ou lignée transfectée) pour pallier au manque de prélèvements congelés et étudier les effets de la perte de fonction de *NF1* sur KIT et ses voies de signalisation et réciproquement.

3. MODELE CELLULAIRE

3.1. Développement du modèle

Bien que le potentiel pronostique des mutations de *KIT* soit encore largement débattu, les résultats de notre étude rétrospective suggéraient que la localisation des délétions sur l'exon 11 pouvait avoir une influence. C'est ainsi que nous nous sommes intéressés aux effets spécifiques des différents types de mutations dans l'oncogenèse des GISTs.

Objectifs : Disposer d'un outil pour étudier de manière fonctionnelle le rôle des mutations dans la tumorigenèse des GISTs.

Choix du modèle : Le meilleur modèle d'étude des GISTs aurait été des lignées établies de GISTs. Malheureusement, si la réalisation de cultures primaires à partir de tumeurs fraîches a été possible (504), nos nombreux essais d'établissement de lignées tumorales ont été des échecs. D'ailleurs, à l'heure actuelle, seules 2 véritables lignées établies de GISTs ont été rapportées (GIST882 mutée sur l'exon 13 et GIST48, issue d'une tumeur résistante à l'imatinib, mutée sur les exons 11 et 17 (584)), montrant la difficulté de générer des cultures sur le long terme à partir de ces tumeurs. Nous avons ainsi entrepris de développer un modèle plus artificiel, sur la base des observations faites sur les GISTs :

> ➤ Nous avons choisi d'étudier la mutation que nous avions la plus fréquemment observée dans notre série de GISTs (*KIT*del557-558 ou D6), et une autre, touchant également le domaine juxtamembranaire, qui semblait associée à un pronostic défavorable et qui supprimait 2 tyrosines importantes pour la signalisation (*KIT*del564-581 ou D54). En parallèle nous avons généré une lignée « sauvage » (WT) et une lignée contrôle (vecteur vide ou MIGR). La majorité des mutations choisies dans les modèles cellulaires de GISTs touche également les codons 557 à 560 du domaine juxtamembranaire (72; 78; 194).

> ➤ De plus, pour se rapprocher de la situation « patients », qui présentent majoritairement des mutations hétérozygotes (502), nous avons aussi développé des lignées exprimant à la fois l'allèle sauvage et l'allèle muté (WT/D6 et WT/D54). Les modèles de souris de Rubin, exprimant *KIT* muté dans l'exon 13 de manière, homozygote ou hétérozygote, ne présentaient pas des pathologies gastro-

intestinales avec la même gravité (431). Ces doubles transfections nous permettront aussi d'étudier les interactions entre le récepteur WT et le récepteur muté, ainsi que d'analyser l'importance du ligand dans ces conditions (504).

➤ Pour la cellule hôte, contrairement à la plupart des modèles décrits dans la littérature, nous avons préféré choisir un type cellulaire « mésenchymateux », comme des fibroblastes, plutôt qu'une lignée hématopoïétique. Les fibroblastes de souris, NIH3T3, largement utilisés comme cellule hôte pour les transfections géniques d'oncogènes, nous ont semblé adéquats. Les NIH3T3 ont d'ailleurs été utilisés pour comparer le potentiel oncogénique des 2 transcrits GNNK de *KIT* (70; 537; 576), ainsi que les conditions (ligand, densité de récepteurs exprimés) de transformation de ces lignées par *KIT* (71).

3.2. *"KIT* **mutations induce intracellular retention and activation of an immature form of the KIT protein in Gastro-Intestinal Stromal Tumors (GISTs)"** (Article 5)

S Tabone-Eglinger, F Subra et al. Clinical Cancer Research (sous presse).

<u>Contexte</u> : les mutations "gain-de-fonction" de *KIT* ou *PDGFRA* sont des évènements oncogéniques précoces et majeurs dans la genèse des GISTs. L'imatinib mesylate, un inhibiteur spécifique de KIT et PDGFRA, permet d'obtenir une réponse anti-tumorale chez la plupart des patients atteints de GIST. Cependant, la relation entre l'expression du récepteur, le type de mutation et la réponse à l'imatinib est encore mal comprise.

<u>Objectifs</u> : comprendre le rôle de 2 types de mutations, parmi les plus fréquentes, dans la biologie des GISTs.

<u>Méthodes</u> : étudier le potentiel oncogénique (prolifération, transformation), l'expression et l'activation de KIT (et de ses voies de signalisation), ainsi que le trafic cellulaire de la protéine au sein des lignées transfectées et des échantillons de GIST.

<u>Résultats :</u>

- L'aspect "Golgi-like" du marquage KIT en immunohistochimie était plus fréquent parmi les GISTs avec mutations homozygotes que ceux porteuses de mutations hétérozygotes ($P=0.01$) ou sans mutation ($P<0.01$).

- L'activation de la forme immature (125 kD) de KIT était détectée dans la plupart des GISTs mutées sur KIT, mais dans aucun des GISTs sans mutation.

- Dans les cellules NIH3T3, la protéine KIT mutante était principalement retenue dans le réticulum endoplasmique et le Golgi sous une forme immature et constitutivement phosphorylée, alors que la protéine KIT normale était exprimée à la membrane cytoplasmique sous une forme mature non phosphorylée.

- L'inhibition de la phosphorylation par l'imatinib des formes immature et mature de la protéine KIT mutante conduit à la restauration de l'expression de KIT à la surface cellulaire.

Conclusions : Ces résultats montrent que les mutations activatrices les plus fréquemment retrouvées dans les GISTs induisent une altération de la maturation normale et du trafic cellulaire à l'origine de la rétention intracellulaire de la protéine KIT mutante. Ces observations pourraient expliquer l'absence de corrélation entre la réponse à l'imatinib et l'expression de KIT en immunohistochimie et pourraient également impliquer d'autres récepteurs à activité tyrosine kinase dans d'autres modèles de tumeurs.

Discussion :

- Les résultats obtenus avec les lignées permettent d'expliquer un aspect immunophénotypique observés depuis longtemps chez certaines GISTs. En effet, l'immunomarquage de KIT dans les GISTs peut prendre divers aspect : diffus ou en dot ou « Golgi-like » dans le cytoplasme, ainsi que membranaire (202). Or nous avions observé que l'aspect en dot était prédominant chez les GISTs avec mutations homozygotes de *KIT*, par rapport aux GISTs sans mutation ($P<0.01$) et ceux avec mutations hétérozygotes ($P=0.01$). Pauls avait, quelques années auparavant, également montré que le marquage en Dot de KIT était fréquemment associé avec la présence de mutations dans le gène *KIT* (387). Mais les mécanismes à l'origine de cette observation n'étaient pas connus. Nous avons ainsi été les premiers à évaluer la signification de cet aspect particulier de l'expression de KIT. Parallèlement, nous avions mis en évidence chez les GISTs mutées (homozygotes ou non) la phosphorylation de la forme immature de KIT. Ceci était particulièrement étonnant au regard de ce qui était décrit dans les modèles in vitro concernant l'impossibilité pour cette forme d'être activée (42). En reprenant les travaux antérieurs sur des échantillons de GIST, nous avons pourtant retrouvé d'autres preuves de la phosphorylation de cette forme immature de KIT (125).

- Notre modèle, dans lequel nous avons retrouvé ces observations (phosphorylation de la forme immature et marquage de type golgien, spécifiquement chez les mutants), nous a ainsi permis d'aller un peu plus loin dans la compréhension des mécanismes responsables. Nous avons tout d'abord montré que la phosphorylation de la forme immature était associée à sa rétention intracellulaire et parallèlement à une diminution d'expression de la forme mature (qui elle est membranaire). Ceci suggérait soit une augmentation de l'internalisation de la forme membranaire des mutants, soit un défaut de leur maturation.

➢ La première hypothèse qui s'est avérée fausse, n'était pourtant pas illogique puisque l'internalisation raft dépendante du récepteur normal activé avait déjà été décrite comme mécanisme de régulation négative (218). Parallèlement des défauts de maturation du récepteur, retentissant sur le trafic intracellulaire de la protéine, avaient été mis en évidence chez les mutants négatifs. Koshimizu révèle notamment que l'effet de Wn (A835V au niveau du domaine kinase), passe par une glycosylation déficiente associée à une altération du transport à la membrane plasmique et une rétention au niveau du réticulum endoplasmique (261). Des altérations de la maturation et du trafic avaient également été observées pour d'autres récepteurs tyrosine kinase, tels que c-fms/M-CSFR/CSF1R (429) et FLT-3 (Fms-like tyrosine kinase-3 receptor) (452). Toutefois, ces altérations semblent être la conséquence de l'activation constitutive des récepteurs, plutôt qu'à un problème de conformation tridimensionnelle liée à la présence de mutation (452). Ils suggèrent notamment que la phosphorylation précoce des RTKs dès leur expression dans le réticulum endoplasmique, augmente leur interaction avec des protéines chaperonnes, comme la calnexine et sont ainsi responsables de leur rétention à ce niveau (452). En outre, l'interaction des RTKs auto-activées avec d'autres protéines chaperonnes, comme hsp90, réduirait leur susceptibilité à la dégradation (228). Enfin, le rôle de certaines phosphatases, comme PT1B et SHP-1, dans le contrôle du passage des RTKs par le RE, a été suggéré car leur inhibition bloque la maturation du récepteur FLT-3 non muté (452). Nous avons démontré ici, que l'inhibition de l'activité kinase de KIT par l'imatinib, restaurait la maturation normale et l'expression à la surface cellulaire de ces protéines ; ce qui semble corroborer le fait, que l'altération du trafic des mutants résulte bien de leur activation constitutive. L'imatinib pourrait aussi induire une réponse au stress via le réticulum endoplasmique et augmentant l'expression de la protéine chaperonne GRP78, dont le rôle est d'accélérer la maturation des protéines pour protéger les cellules du stress (358). On peut donc imaginer que l'action de l'imatinib sur l'accélération de la maturation des formes mutantes intracellulaires, passe aussi par cette protéine chaperonne.

- Au moment de la rédaction de notre publication, est venu s'ajouter une étude sur le mutant *KIT*D816V, impliqué dans la mastocytose (562). Le point essentiel soulevé dans ce travail concerne la capacité pour la forme mutante activée, malgré sa rétention au niveau du golgi, de traduire un signal intracellulaire. Mais il soulève aussi des éléments de réflexion sur des « incompatibilités » entre espèces et donc sur les modèles cellulaires utilisés. En effet, la transfection du gène humain dans une lignée murine pourrait altérer le trafic de la protéine et son expression à la surface cellulaire. Nous n'avons cependant pas été confrontés aux mêmes problèmes puisque nos mutants présentaient bien une activité transformante et que tous nos essais étaient réalisés en comparaison avec la lignée transfectée avec *KIT* sauvage dont l'expression ne semblait pas altérée. Par ailleurs d'autres modèles de mutants juxtamembranaires de *KIT*, mais murins, présentent également une prédominance de la forme immature par rapport à la forme mature (72; 531).

- Nos résultats obtenus avec la lignée KIT WT sont cohérents avec les autres modèles publiés jusqu'à maintenant (42; 218; 261; 562). Parmi les groupes qui ont transfecté des mutants gain-de-fonction de *KIT* (mutation of codon 559) dans des cellules murines, l'expression de la forme immature (125 kD) était soit prédominante (152; 531), comme nous l'avons observé aussi, soit la seule forme exprimée dans 2 modèles de mutations du codon 816 (261; 562). De la même façon, la phosphorylation de la forme immature exclusivement chez les mutants (72; 531; 562) a également été observée par d'autres (72; 531; 562).

- Par ailleurs, il est intéressant de constater que des aspects en dot sont également visibles sur l'immunomarquage du PDGFRA, particulièrement chez les GISTs *PDGFRA* mutées (387). Ceci suggère que la rétention de KIT muté dans les compartiments intracellulaires est un mécanisme applicable à d'autres RTKs porteurs de mutations activatrices.

- La réponse à l'imatinib n'est pas toujours corrélée à l'expression de KIT. Ainsi, Chierac et al rapportaient que les patients atteints de GIST répondaient à l'imatinib (diminution de la masse et de la densité tumorales, survie sans progression), sans relation avec l'intensité d'expression de KIT au sein des tumeurs (82). Bauer et al décrivaient également une GIST répondant à l'imatinib, mais dont l'expression de KIT est très faible ; ce patient était d'ailleurs porteur de la mutation WK557-558del, similaire à notre lignée D6 (24). Pour autant, il serait simpliste de dire que tout ceci s'explique par la présence de mutation, car si les GISTs *KIT* mutées expriment préférentiellement KIT (et inversement pour PDGFRA) (387), les niveaux d'expression sont variables entre les tumeurs (387; 484). Même pour des mutations identiques, les résultats diffèrent : Rubin montrait notamment une expression très forte de KIT chez une GIST avec la mutation WK557-558del (433). Inversement, une forte immunopositivité pour KIT ne prédit pas obligatoirement une bonne réponse à l'imatinib, notamment dans d'autres cancers, comme le cancer du poumon à petites cellules (224), chez lesquels on ne détecte pas de mutation (551).

Perspectives :

- Sur le modèle de Schmidt-Arras (452), nous pourrions étudier l'implication des phosphatases dans la maturation de KIT normal, et leur éventuelle altération chez les mutants. Nous pourrions également analyser le rôle de l'interaction de KIT avec la protéine chaperonne GRP78, qui accélérerait la maturation du récepteur au niveau du réticulum endoplasmique (358).

- Un autre aspect intéressant concerne la possibilité que la rétention au niveau du réticulum endoplasmique du récepteur constitutionnellement activé, modifie le type de substrats accessibles à ce niveau et donc la transduction du signal en aval. Il serait donc intéressant d'étudier les voies de signalisation en prenant en compte leur localisation dans la cellule (microscopie confocale). La localisation et l'activation de la voie ras/MAPK a été montrée dans différents compartiments de la cellule, comme les endosomes et le golgi, et modulerait différemment le message fonctionnel en aval (393). De plus, la transduction du signal semble se faire obligatoirement au niveau des rafts lipidiques (217), qui se localisent près de la membrane cytoplasmique ou des organelles, comme le golgi et les endosomes (21; 55). Or, certaines protéines intracellulaires, comme AKT, PDK1 et p85, ne sont pas initialement incluses dans les rafts. Enfin, récemment, Zhu et al a montrent, dans des lignées établies de GIST, que les formes mature et immature diffèrent dans leurs interactions avec les protéines intracellulaires. Les 2 formes, par exemple, co-immunoprécipitent avec PI3K, ou GRB2, tandis que seule la forme mature interagit avec PDGFRA, ce qui est très probablement le signe que l'hétérodimérisation s'effectue nécessairement à la surface cellulaire (584).

- Nous avons suggéré dans notre article que la phosphorylation précoce des mutants de *KIT* pouvait conduire à leur régulation prématurée, empêchant ainsi leur expression à la surface cellulaire. Il serait donc intéressant d'étudier le devenir des mutants après leur phosphorylation intracellulaire: notamment les systèmes de dégradation, tels que la voie cbl/ubiquitination, qui semble être activée par KIT (316; 483; 579), ainsi que le rôle d'hsp90, qui semble protéger KIT de la dégradation via le protéasome (27).

- D'autre part, si l'activation constitutive du récepteur facilite sa dimérisation, il y a-t-il pour autant une dimérisation des mutants dans le compartiment intracellulaire ? Comme nous l'avions également proposé précédemment, il serait intéressant d'évaluer la possibilité d'hétérodimérisation entre le récepteur muté et le récepteur sauvage, et leurs conséquences en aval.

- Enfin, la rétention intracellulaire de KIT constitutionnellement activé étant également montrée chez les mutants du domaine kinase (D816V) (562), il n'est pas exclu que ce mécanisme ne soit pas applicable à d'autres mutations activatrices observées dans les GISTs. Il ne serait donc pas inintéressant d'étudier l'effet des mutations de l'exon 9, qui sont les deuxièmes mutations les plus fréquentes observées dans les GISTs.

CONCLUSIONS ET PERSPECTIVES

Le traitement des GISTs par l'imatinib marque une nouvelle ère dans le traitement des cancers. On compte aujourd'hui plus de 500 molécules en développement dans la famille des « thérapeutiques ciblées du cancer». Les GISTs restent pourtant un cas bien à part du fait du rôle majeur que joue KIT (ou PDGFRA) dans leur tumorigenèse. L'efficacité d'un inhibiteur spécifique passe en effet par le ciblage d'un mécanisme causal du développement d'une tumeur. Or, dans la majorité des autres cancers, plusieurs altérations sont nécessaires pour permettre à un clone tumoral de se développer. De nombreux essais cliniques de thérapies ciblées dans d'autres cancers, comme les premiers essais des inhibiteurs de l'EGFR (Epidermal Growth Factor Receptor), dans le traitement du cancer du poumon, ont ainsi été décevants. La surexpression et même l'activation de ce récepteur n'étaient pas des critères suffisants pour l'efficacité de ces molécules. Quoiqu'il en soit, le développement de thérapies ciblées passe par la compréhension des mécanismes moléculaires responsables de chaque sous-type de cancer.

C'est avec cet objectif que nous avions abordé notre étude des mécanismes de tumorigenèse des GISTs. De l'étude des caractéristiques, cliniques et biologiques des GISTs, nous avons pu développer le modèle qui nous paraissait le plus adéquat pour étudier le rôle du proto-oncogène *KIT* dans la tumorigenèse des GISTs et ainsi apporter un nouveau regard sur la stratégie de développement et d'utilisation des thérapies ciblées.

Notre étude rétrospective, sur une des plus grande série de patients atteints de GIST rapportée à cette époque, nous a tout d'abord permis d'identifier les caractères cliniques, phénotypiques et génotypiques de ces tumeurs. Plusieurs éléments, nous ont intrigués et poussés à poursuivre des investigations plus poussées de la biologie de ces tumeurs.

Nous nous sommes tout d'abord attachés à analyser précisément les caractéristiques de l'expression de KIT. Nous avons été ainsi les premiers à étudier les niveaux d'expression des allèles mutants ou WT, ainsi que des « isoformes GNNK » qui avaient été décrites par d'autres équipes comme ayant des potentiels oncogéniques différents. Nos résultats suggéraient que le rôle de GNNK- décrit in vitro était faible, puisque, bien que exprimé en quantité toujours supérieure à GNNK+, cet allèle était exprimé en quantité comparables aux groupes contrôles. Cela illustre tout à fait la nécessiter de ne pas se restreindre à l'étude d'un modèle in vitro, mais de toujours garder à l'esprit la pertinence par rapport à la situation « in vivo ». En outre ces résultats rendent compte de la complexité de l'expression de la protéine KIT au sein de ces tumeurs, avec de multiples possibilités de dimérisations du récepteur KIT et, en conséquence, de multiples possibilités d'activation des voies de signalisation. Par ailleurs, l'expression des transcrits qui était globalement supérieure dans les GISTs mutées, nous a conduit à nous intéresser aux mécanismes de régulation de l'expression de KIT. Nous avons pu montrer, que, contrairement à d'autres cancers, l'amplification génique était rare et ne constituait donc pas la cause principale de la surexpression de KIT dans les GISTs.

D'autre part, si le rôle majeur des mutations activatrices dans la tumorigenèse des GISTs a été largement étudié, personne ne s'était encore intéressé à celui du ligand spécifique de KIT, le Stem Cell Factor. Celui-ci, effectivement produit par les cellules tumorales, pouvait pourtant avoir une réelle influence sur l'activation de KIT dans les GISTs, étant donné que la grande majorité des patients expriment à la fois le récepteur sauvage et muté. L'existence d'une boucle autocrine et/ou paracrine entre SCF et KIT est un des nouveaux éléments majeurs que nous avons apportés dans la compréhension de l'oncogenèse des GISTs.

Par ailleurs, une partie des GISTs KIT négatives n'étant mutée ni pour *KIT* ni pour *PDGFRA*, il nous a paru intéressant d'essayer d'identifier d'autres mécanismes responsables de leur oncogenèse. Nous nous sommes intéressés notamment au gène suppresseur de tumeur *NF1* du fait de la haute incidence de GISTs chez les patients atteints de Neurofibromatose de type I. Nous avons été malheureusement confrontés, lors de cette étude, à des problèmes de disponibilité de prélèvements congelés qui nous étaient nécessaires pour tester la redondance des voies de signalisation liées à KIT et à la neurofibromine. Cela nous a également confortés dans l'idée que l'étude des prélèvements tumoraux, bien qu'essentielle à notre sens pour rester pertinents vis-à-vis de la réalité in vivo, était limitée tant du point de vue quantitatif (disponibilité des prélèvements) que qualitatif (tester de manière fonctionnelle nos hypothèse). Ces différentes observations nous ont poussés d'une part à établir un modèle cellulaire pour étudier les effets spécifiques des différents types de mutations dans la biologie de ces tumeurs, mais inversement nous ont permis de développer le modèle le plus pertinent possible pour l'étude des GISTs. Ce modèle nous a permis de montrer que les mutations activatrices de *KIT* les plus fréquemment observées dans les GISTs induisaient une altération de la maturation et du trafic normal de KIT, qui résultait en la rétention intracellulaire de la protéine activée. Cela constitue là encore une information majeure dans la compréhension de la tumorigenèse des GISTs, mais aussi pour le développement de nouvelles thérapies ciblées, et avec des retentissements probables pour d'autres cancers ou un récepteur à activité tyrosine kinase serait impliqué.

De nombreuses questions restent en suspend et permettent d'envisager différentes perspectives :

○ Explorer les mécanismes de dérégulation de la transcription de *KIT* : activation des promoteurs ou d'inactivation de facteurs de régulation négative.

○ Vérifier l'hétérodimérisation des formes mutantes, sauvages et des isoformes GNNK, et les conséquences en terme de signalisation.

○ Evaluer la possibilité de trans-activation de, ou par, un autre récepteur tyrosine kinase qui expliquerait notamment l'effet de l'imatinib sur les GISTs WT, mais pourrait aussi constituer une nouvelle piste de mécanisme de résistance secondaire à l'imatinib.

○ Etudier les mécanismes à l'origine de la rétention intracellulaire des mutants de *KIT* sous une forme phosphorylée (défaut de maturation causé par la mutation, ou down régulation avant sa maturation complète et donc son passage à la membrane ?)

○ Analyser la signalisation induite par la forme mutante phosphorylée à l'intérieur de la cellule, qui devrait être très différente de la protéine normale. Enfin, étudier le devenir des mutants phosphorylés en intracellulaire (prise en charge par des systèmes de dégradation via la voie src/cbl/ubiquitination ?)

Pour conclure, on voit que même pour un modèle de cancer considéré comme « simple » sur le plan moléculaire, où une anomalie causale a été identifiée, les mécanismes sous-jacents à son développement sont très complexes et indiquent que la prédiction de l'efficacité des thérapies ciblées réservera encore bien des surprises.

REFERENCES BIBLIOGRAPHIQUES

(1) Abraham SC, Krasinskas AM, Hofstetter WL, Swisher SG, Wu TT. "Seedling" mesenchymal tumors (gastrointestinal stromal tumors and leiomyomas) are common incidental tumors of the esophagogastric junction. Am J Surg Pathol 2007; 31 (11): 1629-35.
(2) Agaimy A, Wunsch PH, Hofstaedter F, Blaszyk H, Rummele P, Gaumann A et al. Minute gastric sclerosing stromal tumors (GIST tumorlets) are common in adults and frequently show c-KIT mutations. Am J Surg Pathol 2007; 31 (1): 113-20.
(3) Agaram NP, Besmer P, Wong GC, Guo T, Socci ND, Maki RG et al. Pathologic and molecular heterogeneity in imatinib-stable or imatinib-responsive gastrointestinal stromal tumors. Clin Cancer Res 2007; 13 (1): 170-81.
(4) Al-Bozom IA. p53 expression in gastrointestinal stromal tumors. Pathol Int 2001; 51 (7): 519-23.
(5) Ali S, Ali S. Role of c-kit/SCF in cause and treatment of gastrointestinal stromal tumors (GIST). Gene 2007; 401 (1-2): 38-45.
(6) Allander SV, Nupponen NN, Ringner M, Hostetter G, Maher GW, Goldberger N et al. Gastrointestinal stromal tumors with KIT mutations exhibit a remarkably homogeneous gene expression profile. Cancer Res 2001; 61 (24): 8624-8.
(7) Altman A, Villalba M. Protein kinase C-theta (PKCtheta): it's all about location, location, location. Immunol Rev 2003; 192 : 53-63.
(8) Andersson J, Bumming P, Meis-Kindblom JM, Sihto H, Nupponen N, Joensuu H et al. Gastrointestinal stromal tumors with KIT exon 11 deletions are associated with poor prognosis. Gastroenterology 2006; 130 (6): 1573-81.
(9) Andersson J, Sihto H, Meis-Kindblom JM, Joensuu H, Nupponen N, Kindblom LG. NF1-associated gastrointestinal stromal tumors have unique clinical, phenotypic, and genotypic characteristics. Am J Surg Pathol 2005; 29 (9): 1170-6.
(10) Andersson J, Sjogren H, Meis-Kindblom JM, Stenman G, Aman P, Kindblom LG. The complexity of KIT gene mutations and chromosome rearrangements and their clinical correlation in gastrointestinal stromal (pacemaker cell) tumors. Am J Pathol 2002; 160 (1): 15-22.
(11) Antonescu CR, Besmer P, Guo T, Arkun K, Hom G, Koryotowski B et al. Acquired resistance to imatinib in gastrointestinal stromal tumor occurs through secondary gene mutation. Clin Cancer Res 2005; 11 (11): 4182-90.
(12) Antonescu CR, Sommer G, Sarran L, Tschernyavsky SJ, Riedel E, Woodruff JM et al. Association of KIT exon 9 mutations with nongastric primary site and aggressive behavior: KIT mutation analysis and clinical correlates of 120 gastrointestinal stromal tumors. Clin Cancer Res 2003; 9 (9): 3329-37.
(13) Antonescu CR, Viale A, Sarran L, Tschernyavsky SJ, Gonen M, Segal NH et al. Gene expression in gastrointestinal stromal tumors is distinguished by KIT genotype and anatomic site. Clin Cancer Res 2004; 10 (10): 3282-90.
(14) Antonioli DA. Gastrointestinal autonomic nerve tumors. Expanding the spectrum of gastrointestinal stromal tumors. Arch Pathol Lab Med 1989; 113 (8): 831-3.
(15) Anzai N, Lee Y, Youn BS, Fukuda S, Kim YJ, Mantel C et al. C-kit associated with the transmembrane 4 superfamily proteins constitutes a functionally distinct subunit in human hematopoietic progenitors. Blood 2002; 99 (12): 4413-21.
(16) Appelman HD. Smooth muscle tumors of the gastrointestinal tract. What we know now that Stout didn't know. Am J Surg Pathol 1986; 10 (Suppl 1): 83-99.
(17) Arakawa T, Yphantis DA, Lary JW, Narhi LO, Lu HS, Prestrelski SJ et al. Glycosylated and unglycosylated recombinant-derived human stem cell factors are dimeric and have extensive regular secondary structure. J Biol Chem 1991; 266 (28): 18942-8.

(18) Ashman LK. The biology of stem cell factor and its receptor C-kit. Int J Biochem Cell Biol 1999; 31 (10): 1037-51.
(19) Assamaki R, Sarlomo-Rikala M, Lopez-Guerrero JA, Lasota J, Andersson LC, Llombart-Bosch A et al. Array comparative genomic hybridization analysis of chromosomal imbalances and their target genes in gastrointestinal stromal tumors. Genes Chromosomes Cancer 2007; 46 (6): 564-76.
(20) Badache A, Muja N, De Vries GH. Expression of Kit in neurofibromin-deficient human Schwann cells: role in Schwann cell hyperplasia associated with type 1 neurofibromatosis. Oncogene 1998; 17 (6): 795-800.
(21) Bagnat M, Keranen S, Shevchenko A, Shevchenko A, Simons K. Lipid rafts function in biosynthetic delivery of proteins to the cell surface in yeast. Proc Natl Acad Sci U S A 2000; 97 (7): 3254-9.
(22) Balaton AJ, Coindre JM, Cvitkovic F. Gastrointestinal stromal tumors. Gastroenterol Clin Biol 2001; 25 (5): 473-82.
(23) Bar-Eli M. Gene regulation in melanoma progression by the AP-2 transcription factor. Pigment cell res 2001; 14 (2): 78-85.
(24) Bauer S, Corless CL, Heinrich MC, Dirsch O, Antoch G, Kanja J et al. Response to imatinib mesylate of a gastrointestinal stromal tumor with very low expression of KIT. Cancer Chemother Pharmacol 2003; 51 (3): 261-5.
(25) Bauer S, Duensing A, Demetri GD, Fletcher JA. KIT oncogenic signaling mechanisms in imatinib-resistant gastrointestinal stromal tumor: PI3-kinase/AKT is a crucial survival pathway. Oncogene 2007; 26 (54): 7560-8.
(26) Bauer S, Lang H. The challenge of opportunities: how far can and should we go with targeted treatments and modern diagnostics in gastrointestinal stromal tumors? Eur J Gastroenterol Hepatol 2007; 19 (8): 619-22.
(27) Bauer S, Yu LK, Demetri GD, Fletcher JA. Heat shock protein 90 inhibition in imatinib-resistant gastrointestinal stromal tumor. Cancer Res 2006; 66 (18): 9153-61.
(28) Bayle J, Letard S, Frank R, Dubreuil P, De SP. Suppressor of cytokine signaling 6 associates with KIT and regulates KIT receptor signaling. J Biol Chem 2004; 279 (13): 12249-59.
(29) Beghini A, Tibiletti MG, Roversi G, Chiaravalli AM, Serio G, Capella C et al. Germline mutation in the juxtamembrane domain of the kit gene in a family with gastrointestinal stromal tumors and urticaria pigmentosa. Cancer 2001; 92 (3): 657-62.
(30) Berman J, O'Leary TJ. Gastrointestinal stromal tumor workshop. Hum Pathol 2001; 32 (6): 578-82.
(31) Bernex F, De SP, Kress C, Elbaz C, Delouis C, Panthier JJ. Spatial and temporal patterns of c-kit-expressing cells in WlacZ/+ and WlacZ/WlacZ mouse embryos. Development 1996; 122 (10): 3023-33.
(32) Berrozpe G, Agosti V, Tucker C, Blanpain C, Manova K, Besmer P. A distant upstream locus control region is critical for expression of the Kit receptor gene in mast cells. Mol Cell Biol 2006; 26 (15): 5850-60.
(33) Berrozpe G, Timokhina I, Yukl S, Tajima Y, Ono M, Zelenetz AD et al. The W(sh), W(57), and Ph Kit expression mutations define tissue-specific control elements located between -23 and -154 kb upstream of Kit. Blood 1999; 94 (8): 2658-66.
(34) Bertolotto C, Maulon L, Filippa N, Baier G, Auberger P. Protein kinase C theta and epsilon promote T-cell survival by a rsk-dependent phosphorylation and inactivation of BAD. J Biol Chem 2000; 275 (47): 37246-50.
(35) Betsholtz C. Insight into the physiological functions of PDGF through genetic studies in mice. Cytokine Growth Factor Rev 2004; 15 (4): 215-28.
(36) Bianchi ME, Beltrame M. Upwardly mobile proteins. Workshop: the role of HMG proteins in chromatin structure, gene expression and neoplasia. EMBO Rep 2000; 1 (2): 109-14.
(37) Blackstein ME, Blay JY, Corless C, Driman DK, Riddell R, Soulieres D et al. Gastrointestinal stromal tumours: consensus statement on diagnosis and treatment. Can J Gastroenterol 2006; 20 (3): 157-63.

(38) Blay JY, Bonvalot S, Casali P, Choi H, biec-Richter M, Dei Tos AP et al. Consensus meeting for the management of gastrointestinal stromal tumors. Report of the GIST Consensus Conference of 20-21 March 2004, under the auspices of ESMO. Ann Oncol 2005; 16 (4): 566-78.
(39) Blay JY, Landi B, Bonvalot S, Monges G, Ray-Coquard I, Duffaud F et al. [Recommendations for the management of GIST patients]. Bull Cancer 2005; 92 (10): 907-18.
(40) Blay JY, Le CA, Ray-Coquard I, Bui B, Duffaud F, Delbaldo C et al. Prospective multicentric randomized phase III study of imatinib in patients with advanced gastrointestinal stromal tumors comparing interruption versus continuation of treatment beyond 1 year: the French Sarcoma Group. J Clin Oncol 2007; 25 (9): 1107-13.
(41) Blay P, Astudillo A, Buesa JM, Campo E, Abad M, Garcia-Garcia J et al. Protein kinase C theta is highly expressed in gastrointestinal stromal tumors but not in other mesenchymal neoplasias. Clin Cancer Res 2004; 10 (12 Pt 1): 4089-95.
(42) Blume-Jensen P, Claesson-Welsh L, Siegbahn A, Zsebo KM, Westermark B, Heldin CH. Activation of the human c-kit product by ligand-induced dimerization mediates circular actin reorganization and chemotaxis. EMBO J 1991; 10 (13): 4121-8.
(43) Blume-Jensen P, Hunter T. Oncogenic kinase signalling. NATURE 2001; 411 (6835): 355-65.
(44) Blume-Jensen P, Janknecht R, Hunter T. The kit receptor promotes cell survival via activation of PI 3-kinase and subsequent Akt-mediated phosphorylation of Bad on Ser136. Curr Biol 1998; 8 (13): 779-82.
(45) Blume-Jensen P, Ronnstrand L, Gout I, Waterfield MD, Heldin CH. Modulation of Kit/stem cell factor receptor-induced signaling by protein kinase C. J Biol Chem 1994; 269 (34): 21793-802.
(46) Blume-Jensen P, Wernstedt C, Heldin CH, Ronnstrand L. Identification of the major phosphorylation sites for protein kinase C in kit/stem cell factor receptor in vitro and in intact cells. J Biol Chem 1995; 270 (23): 14192-200.
(47) Bono P, Krause A, von MM, Heinrich MC, Blanke CD, Dimitrijevic S et al. Serum KIT and KIT ligand levels in patients with gastrointestinal stromal tumors treated with imatinib. Blood 2004; 103 (8): 2929-35.
(48) Borg C, Terme M, Taieb J, Menard C, Flament C, Robert C et al. Novel mode of action of c-kit tyrosine kinase inhibitors leading to NK cell-dependent antitumor effects. J Clin Invest 2004; 114 (3): 379-88.
(49) Brainard JA, Goldblum JR. Stromal tumors of the jejunum and ileum: a clinicopathologic study of 39 cases. Am J Surg Pathol 1997; 21 (4): 407-16.
(50) Brizzi MF, Dentelli P, Lanfrancone L, Rosso A, Pelicci PG, Pegoraro L. Discrete protein interactions with the Grb2/c-Cbl complex in SCF- and TPO-mediated myeloid cell proliferation. Oncogene 1996; 13 (10): 2067-76.
(51) Brizzi MF, Dentelli P, Rosso A, Yarden Y, Pegoraro L. STAT protein recruitment and activation in c-Kit deletion mutants. J Biol Chem 1999; 274 (24): 16965-72.
(52) Broudy VC. Stem cell factor and hematopoiesis. Blood 1997; 90 (4): 1345-64.
(53) Broudy VC, Lin NL, Liles WC, Corey SJ, O'Laughlin B, Mou S et al. Signaling via Src family kinases is required for normal internalization of the receptor c-Kit. Blood 1999; 94 (6): 1979-86.
(54) Broudy VC, Lin NL, Sabath DF. The fifth immunoglobulin-like domain of the Kit receptor is required for proteolytic cleavage from the cell surface. Cytokine 2001; 15 (4): 188-95.
(55) Brown DA, Rose JK. Sorting of GPI-anchored proteins to glycolipid-enriched membrane subdomains during transport to the apical cell surface. Cell 1992; 68 (3): 533-44.
(56) Broxmeyer HE, Maze R, Miyazawa K, Carow C, Hendrie PC, Cooper S et al. The kit receptor and its ligand, steel factor, as regulators of hemopoiesis. Cancer Cells 1991; 3 (12): 480-7.

(57) Buchdunger E, Cioffi CL, Law N, Stover D, Ohno-Jones S, Druker BJ et al. Abl protein-tyrosine kinase inhibitor STI571 inhibits in vitro signal transduction mediated by c-kit and platelet-derived growth factor receptors. J Pharmacol Exp Ther 2000; 295 (1): 139-45.
(58) Buchdunger E, O'Reilly T, Wood J. Pharmacology of imatinib (STI571). Eur J Cancer 2002; 38 (Suppl 5): S28-S36.
(59) Burger H, van TH, Boersma AW, Brok M, Wiemer EA, Stoter G et al. Imatinib mesylate (STI571) is a substrate for the breast cancer resistance protein (BCRP)/ABCG2 drug pump. Blood 2004; 104 (9): 2940-2.
(60) Bustin M. Regulation of DNA-dependent activities by the functional motifs of the high-mobility-group chromosomal proteins. Mol Cell Biol 1999; 19 (8): 5237-46.
(61) Cairns LA, Moroni E, Levantini E, Giorgetti A, Klinger FG, Ronzoni S et al. Kit regulatory elements required for expression in developing hematopoietic and germ cell lineages. Blood 2003; 102 (12): 3954-62.
(62) Calin GA, Croce CM. MicroRNA-cancer connection: the beginning of a new tale. Cancer Res 2006; 66 (15): 7390-4.
(63) Can B, Sokmensuer C. Clinicopathologic features, cellular differentiation, PCNA and P53 expressions in gastrointestinal stromal tumors. Hepatogastroenterology 2003; 50 Suppl 2 : ccxliii-ccxlviii.
(64) Carballo M, Roig I, Aguilar F, Pol MA, Gamundi MJ, Hernan I et al. Novel c-KIT germline mutation in a family with gastrointestinal stromal tumors and cutaneous hyperpigmentation. Am J Med Genet A 2005; 132 (4): 361-4.
(65) Carney JA. Gastric stromal sarcoma, pulmonary chondroma, and extra-adrenal paraganglioma (Carney Triad): natural history, adrenocortical component, and possible familial occurrence. Mayo Clin Proc 1999; 74 (6): 543-52.
(66) Carney JA, Sheps SG, Go VL, Gordon H. The triad of gastric leiomyosarcoma, functioning extra-adrenal paraganglioma and pulmonary chondroma. N Engl J Med 1977; 296 (26): 1517-8.
(67) Carney JA, Stratakis CA. Familial paraganglioma and gastric stromal sarcoma: a new syndrome distinct from the Carney triad. Am J Med Genet 2002; 108 (2): 132-9.
(68) Carrillo R, Candia A, Rodriguez-Peralto JL, Caz V. Prognostic significance of DNA ploidy and proliferative index (MIB-1 index) in gastrointestinal stromal tumors. Hum Pathol 1997; 28 (2): 160-5.
(69) Caruana G, Ashman LK, Fujita J, Gonda TJ. Responses of the murine myeloid cell line FDC-P1 to soluble and membrane-bound forms of steel factor (SLF). Exp Hematol 1993; 21 (6): 761-8.
(70) Caruana G, Cambareri AC, Ashman LK. Isoforms of c-KIT differ in activation of signalling pathways and transformation of NIH3T3 fibroblasts. Oncogene 1999; 18 (40): 5573-81.
(71) Caruana G, Cambareri AC, Gonda TJ, Ashman LK. Transformation of NIH3T3 fibroblasts by the c-Kit receptor tyrosine kinase: effect of receptor density and ligand-requirement. Oncogene 1998; 16 (2): 179-90.
(72) Casteran N, De Sepulveda P, Beslu N, Aoubala M, Letard S, Lecocq E et al. Signal transduction by several KIT juxtamembrane domain mutations. Oncogene 2003; 22 (30): 4710-22.
(73) Chan PM, Ilangumaran S, La RJ, Chakrabartty A, Rottapel R. Autoinhibition of the kit receptor tyrosine kinase by the cytosolic juxtamembrane region. Mol Cell Biol 2003; 23 (9): 3067-78.
(74) Chang L, Karin M. Mammalian MAP kinase signalling cascades. NATURE 2001; 410 (6824): 37-40.
(75) Changchien CR, Wu MC, Tasi WS, Tang R, Chiang JM, Chen JS et al. Evaluation of prognosis for malignant rectal gastrointestinal stromal tumor by clinical parameters and immunohistochemical staining. Dis Colon Rectum 2004; 47 (11): 1922-9.
(76) Chaussepied M, Ginsberg D. Transcriptional regulation of AKT activation by E2F. Mol Cell 2004; 16 (5): 831-7.

(77) Chen H, Hirota S, Isozaki K, Sun H, Ohashi A, Kinoshita K et al. Polyclonal nature of diffuse proliferation of interstitial cells of Cajal in patients with familial and multiple gastrointestinal stromal tumours. Gut 2002; 51 (6): 793-6.
(78) Chen H, Isozaki K, Kinoshita K, Ohashi A, Shinomura Y, Matsuzawa Y et al. Imatinib inhibits various types of activating mutant kit found in gastrointestinal stromal tumors. Int J Cancer 2003; 105 (1): 130-5.
(79) Chen LL, Trent JC, Wu EF, Fuller GN, Ramdas L, Zhang W et al. A missense mutation in KIT kinase domain 1 correlates with imatinib resistance in gastrointestinal stromal tumors. Cancer Res 2004; 64 (17): 5913-9.
(80) Chen Y, Tzeng CC, Liou CP, Chang MY, Li CF, Lin CN. Biological significance of chromosomal imbalance aberrations in gastrointestinal stromal tumors. J Biomed Sci 2004; 11 (1): 65-71.
(81) Chian R, Young S, nilkovitch-Miagkova A, Ronnstrand L, Leonard E, Ferrao P et al. Phosphatidylinositol 3 kinase contributes to the transformation of hematopoietic cells by the D816V c-Kit mutant. Blood 2001; 98 (5): 1365-73.
(82) Chirieac LR, Trent JC, Steinert DM, Choi H, Yang Y, Zhang J et al. Correlation of immunophenotype with progression-free survival in patients with gastrointestinal stromal tumors treated with imatinib mesylate. Cancer 2006; 107 (9): 2237-44.
(83) Cho S, Kitadai Y, Yoshida S, Tanaka S, Yoshihara M, Yoshida K et al. Deletion of the KIT gene is associated with liver metastasis and poor prognosis in patients with gastrointestinal stromal tumor in the stomach. Int J Oncol 2006; 28 (6): 1361-7.
(84) Choi YR, Kim H, Kang HJ, Kim NG, Kim JJ, Park KS et al. Overexpression of high mobility group box 1 in gastrointestinal stromal tumors with KIT mutation. Cancer Res 2003; 63 (9): 2188-93.
(85) Chompret A, Kannengiesser C, Barrois M, Terrier P, Dahan P, Tursz T et al. PDGFRA germline mutation in a family with multiple cases of gastrointestinal stromal tumor. Gastroenterology 2004; 126 (1): 318-21.
(86) Claesson-Welsh L, Eriksson A, Westermark B, Heldin CH. cDNA cloning and expression of the human A-type platelet-derived growth factor (PDGF) receptor establishes structural similarity to the B-type PDGF receptor. Proc Natl Acad Sci U S A 1989; 86 (13): 4917-21.
(87) Coindre JM, Emile JF, Monges G, Ranchere-Vince D, Scoazec JY. [Gastrointestinal stromal tumors: definition, histological, immunohistochemical, and molecular features, and diagnostic strategy]. Ann Pathol 2005; 25 (5): 358-85.
(88) Cooper PN, Quirke P, Hardy GJ, Dixon MF. A flow cytometric, clinical, and histological study of stromal neoplasms of the gastrointestinal tract. Am J Surg Pathol 1992; 16 (2): 163-70.
(89) Corless CL, Fletcher JA, Heinrich MC. Biology of gastrointestinal stromal tumors. J Clin Oncol 2004; 22 (18): 3813-25.
(90) Corless CL, McGreevey L, Haley A, Town A, Heinrich MC. KIT mutations are common in incidental gastrointestinal stromal tumors one centimeter or less in size. Am J Pathol 2002; 160 (5): 1567-72.
(91) Corless CL, McGreevey L, Town A, Schroeder A, Bainbridge T, Harrell P et al. KIT gene deletions at the intron 10-exon 11 boundary in GI stromal tumors. J Mol Diagn 2004; 6 (4): 366-70.
(92) Corless CL, Schroeder A, Griffith D, Town A, McGreevey L, Harrell P et al. PDGFRA mutations in gastrointestinal stromal tumors: frequency, spectrum and in vitro sensitivity to imatinib. J Clin Oncol 2005; 23 (23): 5357-64.
(93) Crosier PS, Ricciardi ST, Hall LR, Vitas MR, Clark SC, Crosier KE. Expression of isoforms of the human receptor tyrosine kinase c-kit in leukemic cell lines and acute myeloid leukemia. Blood 1993; 82 (4): 1151-8.
(94) Cunningham RE, Abbondanzo SL, Chu WS, Emory TS, Sobin LH, O'Leary TJ. Apoptosis, bcl-2 expression, and p53 expression in gastrointestinal stromal/smooth muscle tumors. Appl Immunohistochem Mol Morphol 2001; 9 (1): 19-23.

(95) Cunningham RE, Federspiel BH, McCarthy WF, Sobin LH, O'Leary TJ. Predicting prognosis of gastrointestinal smooth muscle tumors. Role of clinical and histologic evaluation, flow cytometry, and image cytometry. Am J Surg Pathol 1993; 17 (6): 588-94.
(96) Dahlen DD, Lin NL, Liu YC, Broudy VC. Soluble Kit receptor blocks stem cell factor bioactivity in vitro. Leuk Res 2001; 25 (5): 413-21.
(97) Danielan S, Fagard R (1993) *Protéines tyrosine kinases et signalisation cellulaire.* PARIS
(98) Daum O, Grossmann P, Vanecek T, Sima R, Mukensnabl P, Michal M. Diagnostic morphological features of PDGFRA-mutated gastrointestinal stromal tumors: molecular genetic and histologic analysis of 60 cases of gastric gastrointestinal stromal tumors. Ann Diagn Pathol 2007; 11 (1): 27-33.
(99) Davila RE, Faigel DO. GI stromal tumors. Gastrointest Endosc 2003; 58 (1): 80-8.
(100) Davis RJ. Signal transduction by the JNK group of MAP kinases. Cell 2000; 103 (2): 239-52.
(101) De Giorgi U, Verweij J. Imatinib and gastrointestinal stromal tumors: Where do we go from here? Mol Cancer Ther 2005; 4 (3): 495-501.
(102) De Raedt T, Cools J, Debiec-Rychter M, Brems H, Mentens N, Sciot R et al. Intestinal neurofibromatosis is a subtype of familial GIST and results from a dominant activating mutation in PDGFRA. Gastroenterology 2006; 131 (6): 1907-12.
(103) de Silva CM, Reid R. Gastrointestinal stromal tumors (GIST): C-kit mutations, CD117 expression, differential diagnosis and targeted cancer therapy with Imatinib. Pathol Oncol Res 2003; 9 (1): 13-9.
(104) De SP, Okkenhaug K, Rose JL, Hawley RG, Dubreuil P, Rottapel R. Socs1 binds to multiple signalling proteins and suppresses steel factor-dependent proliferation. EMBO J 1999; 18 (4): 904-15.
(105) Deberry C, Mou S, Linnekin D. Stat1 associates with c-kit and is activated in response to stem cell factor. Biochem J 1997; 327 (Pt 1): 73-80.
(106) Debiec-Rychter M, Cools J, Dumez H, Sciot R, Stul M, Mentens N et al. Mechanisms of resistance to imatinib mesylate in gastrointestinal stromal tumors and activity of the PKC412 inhibitor against imatinib-resistant mutants. Gastroenterology 2005; 128 (2): 270-9.
(107) Debiec-Rychter M, Dumez H, Judson I, Wasag B, Verweij J, Brown M et al. Use of c-KIT/PDGFRA mutational analysis to predict the clinical response to imatinib in patients with advanced gastrointestinal stromal tumours entered on phase I and II studies of the EORTC Soft Tissue and Bone Sarcoma Group. Eur J Cancer 2004; 40 (5): 689-95.
(108) Debiec-Rychter M, Lasota J, Sarlomo-Rikala M, Kordek R, Miettinen M. Chromosomal aberrations in malignant gastrointestinal stromal tumors: correlation with c-KIT gene mutation. Cancer Genet Cytogenet 2001; 128 (1): 24-30.
(109) Debiec-Rychter M, Sciot R, Le Cesne A, Schlemmer M, Hohenberger P, van Oosterom AT et al. KIT mutations and dose selection for imatinib in patients with advanced gastrointestinal stromal tumours. Eur J Cancer 2006; 42 (8): 1093-103.
(110) Debiec-Rychter M, Wasag B, Stul M, De W, I, Van OA, Hagemeijer A et al. Gastrointestinal stromal tumours (GISTs) negative for KIT (CD117 antigen) immunoreactivity. J Pathol 2004; 202 (4): 430-8.
(111) Deeds L, Teodorescu S, Chu M, Yu Q, Chen CY. A p53-independent G1 cell cycle checkpoint induced by the suppression of protein kinase C alpha and theta isoforms. J Biol Chem 2003; 278 (41): 39782-93.
(112) DeMatteo RP, Lewis JJ, Leung D, Mudan SS, Woodruff JM, Brennan MF. Two hundred gastrointestinal stromal tumors: recurrence patterns and prognostic factors for survival. Ann Surg 2000; 231 (1): 51-8.
(113) DeMatteo RP, Maki RG, Singer S, Gonen M, Brennan MF, Antonescu CR. Results of tyrosine kinase inhibitor therapy followed by surgical resection for metastatic gastrointestinal stromal tumor. Ann Surg 2007; 245 (3): 347-52.

(114) Demetri, G. D., van Oosterom, A. T., Blackstein, M., Garrett, C., Shah, M., Heinrich, M. et al. Phase 3, mullticenter, randomized, double-blind, placebo-controlled trial of SU11248 in patients (pts) folowing failure of imatinib for metastatic GIST. In 2005 ASCO Annual Meeting Proceedings. J.Clin.Oncol 2005; 23 (16S): abstract 4000.
(115) Demetri GD, van Oosterom AT, Garrett CR, Blackstein ME, Shah MH, Verweij J et al. Efficacy and safety of sunitinib in patients with advanced gastrointestinal stromal tumour after failure of imatinib: a randomised controlled trial. Lancet 2006; 368 (9544): 1329-38.
(116) Demetri GD, von MM, Blanke CD, Van den Abbeele AD, Eisenberg B, Roberts PJ et al. Efficacy and safety of imatinib mesylate in advanced gastrointestinal stromal tumors. N Engl J Med 2002; 347 (7): 472-80.
(117) Desai J, Shankar S, Heinrich MC, Fletcher JA, Fletcher CD, Manola J et al. Clonal evolution of resistance to imatinib in patients with metastatic gastrointestinal stromal tumors. Clin Cancer Res 2007; 13 (18 Pt 1): 5398-405.
(118) Dewar AL, Cambareri AC, Zannettino AC, Miller BL, Doherty KV, Hughes TP et al. Macrophage colony-stimulating factor receptor c-fms is a novel target of imatinib. Blood 2005; 105 (8): 3127-32.
(119) Diment J, Tamborini E, Casali P, Gronchi A, Carney JA, Colecchia M. Carney triad: case report and molecular analysis of gastric tumor. Hum Pathol 2005; 36 (1): 112-6.
(120) Dong C, Davis RJ, Flavell RA. MAP kinases in the immune response. Annu Rev Immunol 2002; 20 : 55-72.
(121) Doucet L. Tumeurs stromales gastrointestinales. Bull Cancer 2006; 93 (4S): S157-S165.
(122) Druker BJ, Tamura S, Buchdunger E, Ohno S, Segal GM, Fanning S et al. Effects of a selective inhibitor of the Abl tyrosine kinase on the growth of Bcr-Abl positive cells. Nat Med 1996; 2 (5): 561-6.
(123) Dubois CM, Ruscetti FW, Stankova J, Keller JR. Transforming growth factor-beta regulates c-kit message stability and cell-surface protein expression in hematopoietic progenitors. Blood 1994; 83 (11): 3138-45.
(124) Duensing A, Joseph NE, Medeiros F, Smith F, Hornick JL, Heinrich MC et al. Protein Kinase C theta (PKCtheta) expression and constitutive activation in gastrointestinal stromal tumors (GISTs). Cancer Res 2004; 64 (15): 5127-31.
(125) Duensing A, Medeiros F, McConarty B, Joseph NE, Panigrahy D, Singer S et al. Mechanisms of oncogenic KIT signal transduction in primary gastrointestinal stromal tumors (GISTs). Oncogene 2004; 23 (22): 3999-4006.
(126) Duffaud F, Blay JY. Gastrointestinal stromal tumors: biology and treatment. Oncology 2003; 65 (3): 187-97.
(127) Ebina Y, Ellis L, Jarnagin K, Edery M, Graf L, Clauser E et al. The human insulin receptor cDNA: the structural basis for hormone-activated transmembrane signalling. Cell 1985; 40 (4): 747-58.
(128) el Rifai W, Sarlomo-Rikala M, Andersson LC, Knuutila S, Miettinen M. DNA sequence copy number changes in gastrointestinal stromal tumors: tumor progression and prognostic significance. Cancer Res 2000; 60 (14): 3899-903.
(129) El-Rifai W, Sarlomo-Rikala M, Andersson LC, Miettinen M, Knuutila S. High-resolution deletion mapping of chromosome 14 in stromal tumors of the gastrointestinal tract suggests two distinct tumor suppressor loci. Genes Chromosomes Cancer 2000; 27 (4): 387-91.
(130) El-Rifai W, Sarlomo-Rikala M, Miettinen M, Knuutila S, Andersson LC. DNA copy number losses in chromosome 14: an early change in gastrointestinal stromal tumors. Cancer Res 1996; 56 (14): 3230-3.
(131) Emile JF, Bachet JB, Tabone-Eglinger S, Terrier P, Vignault JM. GIST with homozygous KIT exon 11 mutations. Lab Invest. In press 2008
(132) Emile JF, Lemoine A, Bienfait N, Terrier P, Azoulay D, Debuire B. Length analysis of polymerase chain reaction products: a sensitive and reliable technique for the detection of mutations in KIT exon 11 in gastrointestinal stromal tumors. Diagn Mol Pathol 2002; 11 (2): 107-12.

(133) Emile JF, Tabone-Eglinger S, Theou-Anton N, Lemoine A. Prognostic value of KIT exon 11 deletions in GISTs. Gastroenterology 2006; 131 (3): 976-7.
(134) Emile JF, Theou N, Tabone S, Cortez A, Terrier P, Chaumette MT et al. Clinicopathologic, phenotypic, and genotypic characteristics of gastrointestinal mesenchymal tumors. Clin Gastroenterol Hepatol 2004; 2 (7): 597-605.
(135) Emory TS, Sobin LH, Lukes L, Lee DH, O'Leary TJ. Prognosis of gastrointestinal smooth-muscle (stromal) tumors: dependence on anatomic site. Am J Surg Pathol 1999; 23 (1): 82-7.
(136) Ernst SI, Hubbs AE, Przygodzki RM, Emory TS, Sobin LH, O'Leary TJ. KIT mutation portends poor prognosis in gastrointestinal stromal/smooth muscle tumors. Lab Invest 1998; 78 (12): 1633-6.
(137) Ertmer A, Huber V, Gilch S, Yoshimori T, Erfle V, Duyster J et al. The anticancer drug imatinib induces cellular autophagy. Leukemia 2007; 21 (5): 936-42.
(138) Feakins RM. The expression of p53 and bcl-2 in gastrointestinal stromal tumours is associated with anatomical site, and p53 expression is associated with grade and clinical outcome. Histopathology 2005; 46 (3): 270-9.
(139) Feng GS, Ouyang YB, Hu DP, Shi ZQ, Gentz R, Ni J. Grap is a novel SH3-SH2-SH3 adaptor protein that couples tyrosine kinases to the Ras pathway. J Biol Chem 1996; 271 (21): 12129-32.
(140) Fiorini M, Alimandi M, Fiorentino L, Sala G, Segatto O. Negative regulation of receptor tyrosine kinase signals. FEBS Lett 2001; 490 (3): 132-41.
(141) Fletcher CD, Berman JJ, Corless C, Gorstein F, Lasota J, Longley BJ et al. Diagnosis of gastrointestinal stromal tumors: A consensus approach. Hum Pathol 2002; 33 (5): 459-65.
(142) Fletcher, J. A., Corless, C. L., Dimitrijevic, S., von Mehren, M., Eisenberg, B., Joensuu, H. et al. Mechanisms of resistance to imatinib mesylate (IM) in advanced gastrointestinal stromal tumor (GIST). In 2003 ASCO Annual Meeting. Proc Am Soc Clin Oncol 2003; 22 abstract 3275.
(143) Franquemont DW. Differentiation and risk assessment of gastrointestinal stromal tumors. Am J Clin Pathol 1995; 103 (1): 41-7.
(144) Franquemont DW, Frierson HF, Jr. Muscle differentiation and clinicopathologic features of gastrointestinal stromal tumors. Am J Surg Pathol 1992; 16 (10): 947-54.
(145) Frearson JA, Alexander DR. The role of phosphotyrosine phosphatases in haematopoietic cell signal transduction. Bioessays 1997; 19 (5): 417-27.
(146) Fredriksson L, Li H, Eriksson U. The PDGF family: four gene products form five dimeric isoforms. Cytokine Growth Factor Rev 2004; 15 (4): 197-204.
(147) Frolov A, Chahwan S, Ochs M, Arnoletti JP, Pan ZZ, Favorova O et al. Response markers and the molecular mechanisms of action of Gleevec in gastrointestinal stromal tumors. Mol Cancer Ther 2003; 2 (8): 699-709.
(148) Frost MJ, Ferrao PT, Hughes TP, Ashman LK. Juxtamembrane mutant V560GKit is more sensitive to Imatinib (STI571) compared with wild-type c-kit whereas the kinase domain mutant D816VKit is resistant. Mol Cancer Ther 2002; 1 (12): 1115-24.
(149) Fujimoto Y, Nakanishi Y, Yoshimura K, Shimoda T. Clinicopathologic study of primary malignant gastrointestinal stromal tumor of the stomach, with special reference to prognostic factors: analysis of results in 140 surgically resected patients. Gastric Cancer 2003; 6 (1): 39-48.
(150) Fukasawa T, Chong JM, Sakurai S, Koshiishi N, Ikeno R, Tanaka A et al. Allelic loss of 14q and 22q, NF2 mutation, and genetic instability occur independently of c-kit mutation in gastrointestinal stromal tumor. Jpn J Cancer Res 2000; 91 (12): 1241-9.
(151) Fuller CE, Williams GT. Gastrointestinal manifestations of type 1 neurofibromatosis (von Recklinghausen's disease). Histopathology 1991; 19 (1): 1-11.
(152) Furitsu T, Tsujimura T, Tono T, Ikeda H, Kitayama H, Koshimizu U et al. Identification of mutations in the coding sequence of the proto-oncogene c-kit in a human mast cell leukemia cell line causing ligand-independent activation of c-kit product. J Clin Invest 1993; 92 (4): 1736-44.

(153) Gambacorti-Passerini C, Zucchetti M, Russo D, Frapolli R, Verga M, Bungaro S et al. Alpha1 acid glycoprotein binds to imatinib (STI571) and substantially alters its pharmacokinetics in chronic myeloid leukemia patients. Clin Cancer Res 2003; 9 (2): 625-32.
(154) Gelen T, Elpek GO, Aksoy NH, Ogus M, Keles N. p27 Labeling index and proliferation in gastrointestinal stromal tumors: correlations with clinicopathologic factors and recurrence. Jpn J Clin Oncol 2003; 33 (7): 346-52.
(155) Geramizadeh B, Bahador A, Ganjei-Azar P, Asadi A. Neonatal gastrointestinal stromal tumor. Report of a case and review of literature. J Pediatr Surg 2005; 40 (3): 572-4.
(156) Giebel LB, Strunk KM, Holmes SA, Spritz RA. Organization and nucleotide sequence of the human KIT (mast/stem cell growth factor receptor) proto-oncogene. Oncogene 1992; 7 (11): 2207-17.
(157) Girardin SE, Yaniv M. A direct interaction between JNK1 and CrkII is critical for Rac1-induced JNK activation. EMBO J 2001; 20 (13): 3437-46.
(158) Gisselbrecht S. The CIS/SOCS proteins: a family of cytokine-inducible regulators of signaling. Eur Cytokine Netw 1999; 10 (4): 463-70.
(159) Goettsch WG, Bos SD, Breekveldt-Postma N, Casparie M, Herings RM, Hogendoorn PC. Incidence of gastrointestinal stromal tumours is underestimated: results of a nation-wide study. Eur J Cancer 2005; 41 (18): 2868-72.
(160) Gold JS, DeMatteo RP. Combined surgical and molecular therapy: the gastrointestinal stromal tumor model. Ann Surg 2006; 244 (2): 176-84.
(161) Goldblum JR. DNA ploidy and proliferative index in gastrointestinal stromal tumors. Hum Pathol 1998; 29 (1): 102.
(162) Goldblum JR, Appelman HD. Stromal tumors of the duodenum. A histologic and immunohistochemical study of 20 cases. Am J Surg Pathol 1995; 19 (1): 71-80.
(163) Gomes AL, Bardales RH, Milanezi F, Reis RM, Schmitt F. Molecular analysis of c-Kit and PDGFRA in GISTs diagnosed by EUS. Am J Clin Pathol 2007; 127 (1): 89-96.
(164) Gommerman JL, Rottapel R, Berger SA. Phosphatidylinositol 3-kinase and Ca2+ influx dependence for ligand-stimulated internalization of the c-Kit receptor. J Biol Chem 1997; 272 (48): 30519-25.
(165) Gommerman JL, Sittaro D, Klebasz NZ, Williams DA, Berger SA. Differential stimulation of c-Kit mutants by membrane-bound and soluble Steel Factor correlates with leukemic potential. Blood 2000; 96 (12): 3734-42.
(166) Grabellus F, Ebeling P, Worm K, Sheu SY, Antoch G, Frilling A et al. Double resistance to imatinib and AMG 706 caused by multiple acquired KIT exon 17 mutations in a gastrointestinal stromal tumour. Gut 2007; 56 (7): 1025-6.
(167) Graham J, biec-Rychter M, Corless CL, Reid R, Davidson R, White JD. Imatinib in the management of multiple gastrointestinal stromal tumors associated with a germline KIT K642E mutation. Arch Pathol Lab Med 2007; 131 (9): 1393-6.
(168) Greenson JK. Gastrointestinal stromal tumors and other mesenchymal lesions of the gut. Mod Pathol 2003; 16 (4): 366-75.
(169) Gronchi A, Fiore M, Miselli F, Lagonigro MS, Coco P, Messina A et al. Surgery of residual disease following molecular-targeted therapy with imatinib mesylate in advanced/metastatic GIST. Ann Surg 2007; 245 (3): 341-6.
(170) Guerne PA, Blanco F, Kaelin A, Desgeorges A, Lotz M. Growth factor responsiveness of human articular chondrocytes in aging and development. Arthritis Rheum 1995; 38 (7): 960-8.
(171) Gunawan B, Bergmann F, Hoer J, Langer C, Schumpelick V, Becker H et al. Biological and clinical significance of cytogenetic abnormalities in low-risk and high-risk gastrointestinal stromal tumors. Hum Pathol 2002; 33 (3): 316-21.
(172) Gunawan B, von HA, Sander B, Schulten HJ, Haller F, Langer C et al. An oncogenetic tree model in gastrointestinal stromal tumours (GISTs) identifies different pathways of cytogenetic evolution with prognostic implications. J Pathol 2007; 211 (4): 463-70.

(173) Gunther T, Schneider-Stock R, Hackel C, Pross M, Schulz HU, Lippert H et al. Telomerase activity and expression of hTRT and hTR in gastrointestinal stromal tumors in comparison with extragastrointestinal sarcomas. Clin Cancer Res 2000; 6 (5): 1811-8.
(174) Haller F, Gunawan B, von HA, Schwager S, Schulten HJ, Wolf-Salgo J et al. Prognostic role of E2F1 and members of the CDKN2A network in gastrointestinal stromal tumors. Clin Cancer Res 2005; 11 (18): 6589-97.
(175) Haller F, Happel N, Schulten HJ, von HA, Schwager S, Armbrust T et al. Site-dependent differential KIT and PDGFRA expression in gastric and intestinal gastrointestinal stromal tumors. Mod Pathol 2007; 20 (10): 1103-11.
(176) Hallstrom TC, Nevins JR. Specificity in the activation and control of transcription factor E2F-dependent apoptosis. Proc Natl Acad Sci U S A 2003; 100 (19): 10848-53.
(177) Hartmann K, Wardelmann E, Ma Y, Merkelbach-Bruse S, Preussner LM, Woolery C et al. Novel germline mutation of KIT associated with familial gastrointestinal stromal tumors and mastocytosis. Gastroenterology 2005; 129 (3): 1042-6.
(178) Hasegawa T, Matsuno Y, Shimoda T, Hirohashi S. Gastrointestinal stromal tumor: consistent CD117 immunostaining for diagnosis, and prognostic classification based on tumor size and MIB-1 grade. Hum Pathol 2002; 33 (6): 669-76.
(179) Hashimoto K, Matsumura I, Tsujimura T, Kim DK, Ogihara H, Ikeda H et al. Necessity of tyrosine 719 and phosphatidylinositol 3'-kinase-mediated signal pathway in constitutive activation and oncogenic potential of c-kit receptor tyrosine kinase with the Asp814Val mutation. Blood 2003; 101 (3): 1094-102.
(180) Heinrich MC, Blanke CD, Druker BJ, Corless CL. Inhibition of KIT tyrosine kinase activity: a novel molecular approach to the treatment of KIT-positive malignancies. J Clin Oncol 2002; 20 (6): 1692-703.
(181) Heinrich MC, Corless CL, Blanke CD, Demetri GD, Joensuu H, Roberts PJ et al. Molecular correlates of imatinib resistance in gastrointestinal stromal tumors. J Clin Oncol 2006; 24 (29): 4764-74.
(182) Heinrich MC, Corless CL, Demetri GD, Blanke CD, von Mehren M, Joensuu H et al. Kinase mutations and imatinib response in patients with metastatic gastrointestinal stromal tumor. J Clin Oncol 2003; 21 (23): 4342-9.
(183) Heinrich MC, Corless CL, Duensing A, McGreevey L, Chen CJ, Joseph N et al. PDGFRA activating mutations in gastrointestinal stromal tumors. SCIENCE 2003; 299 (5607): 708-10.
(184) Heinrich MC, Dooley DC, Keeble WW. Transforming growth factor beta 1 inhibits expression of the gene products for steel factor and its receptor (c-kit). Blood 1995; 85 (7): 1769-80.
(185) Heinrich MC, Griffith DJ, Druker BJ, Wait CL, Ott KA, Zigler AJ. Inhibition of c-kit receptor tyrosine kinase activity by STI 571, a selective tyrosine kinase inhibitor. Blood 2000; 96 (3): 925-32.
(186) Heinrich, M. C., Maki, R. G., Corless, C. L., Antonescu, C. R., Fletcher, C. D., Huang, C. M. et al. Sunitinib (SU) response in imatinib-resistant (IM-R) GIST correlates with KIT and PDGFRA mutation status. In 2006 ASCO Annual Meeting Proceedings. J.Clin.Oncol 2006; 24 (18S): abstract 9502.
(187) Heinrich MC, Rubin BP, Longley BJ, Fletcher JA. Biology and genetic aspects of gastrointestinal stromal tumors: KIT activation and cytogenetic alterations. Hum Pathol 2002; 33 (5): 484-95.
(188) Heinrich, M. C., Shoemaker, J. S., Corless, C. S., Hollis, D., Demetri, G. D., Bertagnolli, M. M. et al. Correlation of target kinase genotype with clinical activity of imatinib mesylate (IM) in patients with metastatic GI strommal tumors (GISTs) expressing KIT (KIT+). In 2005 ASCO Annual Meeting Proceedings. J.Clin.Oncol 2005; 23 (16S): abstract 7.
(189) Heissig B, Hattori K, Dias S, Friedrich M, Ferris B, Hackett NR et al. Recruitment of stem and progenitor cells from the bone marrow niche requires MMP-9 mediated release of kit-ligand. Cell 2002; 109 (5): 625-37.

(190) Heldin CH. Dimerization of cell surface receptors in signal transduction. Cell 1995; 80 (2): 213-23.
(191) Herbst R, Shearman MS, Jallal B, Schlessinger J, Ullrich A. Formation of signal transfer complexes between stem cell and platelet-derived growth factor receptors and SH2 domain proteins in vitro. Biochemistry 1995; 34 (17): 5971-9.
(192) Hibi K, Takahashi T, Sekido Y, Ueda R, Hida T, Ariyoshi Y et al. Coexpression of the stem cell factor and the c-kit genes in small-cell lung cancer. Oncogene 1991; 6 (12): 2291-6.
(193) Hines SJ, Organ C, Kornstein MJ, Krystal GW. Coexpression of the c-kit and stem cell factor genes in breast carcinomas. Cell Growth Differ 1995; 6 (6): 769-79.
(194) Hirota S, Isozaki K, Moriyama Y, Hashimoto K, Nishida T, Ishiguro S et al. Gain-of-function mutations of c-kit in human gastrointestinal stromal tumors. SCIENCE 1998; 279 (5350): 577-80.
(195) Hirota S, Nishida T, Isozaki K, Taniguchi M, Nakamura J, Okazaki T et al. Gain-of-function mutation at the extracellular domain of KIT in gastrointestinal stromal tumours. J Pathol 2001; 193 (4): 505-10.
(196) Hirota S, Nishida T, Isozaki K, Taniguchi M, Nishikawa K, Ohashi A et al. Familial gastrointestinal stromal tumors associated with dysphagia and novel type germline mutation of KIT gene. Gastroenterology 2002; 122 (5): 1493-9.
(197) Hirota S, Ohashi A, Nishida T, Isozaki K, Kinoshita K, Shinomura Y et al. Gain-of-function mutations of platelet-derived growth factor receptor alpha gene in gastrointestinal stromal tumors. Gastroenterology 2003; 125 (3): 660-7.
(198) Hirota S, Okazaki T, Kitamura Y, O'Brien P, Kapusta L, Dardick I. Cause of familial and multiple gastrointestinal autonomic nerve tumors with hyperplasia of interstitial cells of Cajal is germline mutation of the c-kit gene. Am J Surg Pathol 2000; 24 (2): 326-7.
(199) Hong L, Munugalavadla V, Kapur R. c-Kit-mediated overlapping and unique functional and biochemical outcomes via diverse signaling pathways. Mol Cell Biol 2004; 24 (3): 1401-10.
(200) Hornick JL, Fletcher CD. Immunohistochemical staining for KIT (CD117) in soft tissue sarcomas is very limited in distribution. Am J Clin Pathol 2002; 117 (2): 188-93.
(201) Hornick JL, Fletcher CD. Validating immunohistochemical staining for KIT (CD117). Am J Clin Pathol 2003; 119 (3): 325-7.
(202) Hornick JL, Fletcher CD. The role of KIT in the management of patients with gastrointestinal stromal tumors. Hum Pathol 2007; 38 (5): 679-87.
(203) Hostein I, Longy M, Gastaldello B, Geneste G, Coindre JM. Detection of a new mutation in KIT exon 9 in a gastrointestinal stromal tumor. Int J Cancer 2006; 118 (8): 2089-91.
(204) Hou L, Panthier JJ, Arnheiter H. Signaling and transcriptional regulation in the neural crest-derived melanocyte lineage: interactions between KIT and MITF. Development 2000; 127 (24): 5379-89.
(205) Hsu KH, Tsai HW, Shan YS, Lin PW. Significance of CD44 expression in gastrointestinal stromal tumors in relation to disease progression and survival. World J Surg 2007; 31 (7): 1438-44.
(206) Hsu YR, Wu GM, Mendiaz EA, Syed R, Wypych J, Toso R et al. The majority of stem cell factor exists as monomer under physiological conditions. Implications for dimerization mediating biological activity. J Biol Chem 1997; 272 (10): 6406-15.
(207) Hu J, Hubbard SR. Structural characterization of a novel Cbl phosphotyrosine recognition motif in the APS family of adapter proteins. J Biol Chem 2005; 280 (19): 18943-9.
(208) Huang EJ, Nocka KH, Buck J, Besmer P. Differential expression and processing of two cell associated forms of the kit-ligand: KL-1 and KL-2. Mol Biol Cell 1992; 3 (3): 349-62.

(209) Huang S, Jean D, Luca M, Tainsky MA, Bar-Eli M. Loss of AP-2 results in downregulation of c-KIT and enhancement of melanoma tumorigenicity and metastasis. EMBO J 1998; 17 (15): 4358-69.
(210) Huber M, Helgason CD, Scheid MP, Duronio V, Humphries RK, Krystal G. Targeted disruption of SHIP leads to Steel factor-induced degranulation of mast cells. EMBO J 1998; 17 (24): 7311-9.
(211) Huizinga JD, Thuneberg L, Kluppel M, Malysz J, Mikkelsen HB, Bernstein A. W/kit gene required for interstitial cells of Cajal and for intestinal pacemaker activity. NATURE 1995; 373 (6512): 347-9.
(212) Imamura M, Yamamoto H, Nakamura N, Oda Y, Yao T, Kakeji Y et al. Prognostic significance of angiogenesis in gastrointestinal stromal tumor. Mod Pathol 2007; 20 (5): 529-37.
(213) Inoue M, Kyo S, Fujita M, Enomoto T, Kondoh G. Coexpression of the c-kit receptor and the stem cell factor in gynecological tumors. Cancer Res 1994; 54 (11): 3049-53.
(214) Isozaki K, Terris B, Belghiti J, Schiffmann S, Hirota S, Vanderwinden JM. Germline-activating mutation in the kinase domain of KIT gene in familial gastrointestinal stromal tumors. Am J Pathol 2000; 157 (5): 1581-5.
(215) Jacobs-Helber SM, Penta K, Sun Z, Lawson A, Sawyer ST. Distinct signaling from stem cell factor and erythropoietin in HCD57 cells. J Biol Chem 1997; 272 (11): 6850-3.
(216) Jacobsen FW, Dubois CM, Rusten LS, Veiby OP, Jacobsen SE. Inhibition of stem cell factor-induced proliferation of primitive murine hematopoietic progenitor cells signaled through the 75-kilodalton tumor necrosis factor receptor. Regulation of c-kit and p53 expression. J Immunol 1995; 154 (8): 3732-41.
(217) Jahn T, Leifheit E, Gooch S, Sindhu S, Weinberg K. Lipid rafts are required for Kit survival and proliferation signals. Blood 2007; 110 (6): 1739-47.
(218) Jahn T, Seipel P, Coutinho S, Urschel S, Schwarz K, Miething C et al. Analysing c-kit internalization using a functional c-kit-EGFP chimera containing the fluorochrome within the extracellular domain. Oncogene 2002; 21 (29): 4508-20.
(219) Janeway KA, Liegl B, Harlow A, Le C, Perez-Atayde A, Kozakewich H et al. Pediatric KIT wild-type and platelet-derived growth factor receptor alpha-wild-type gastrointestinal stromal tumors share KIT activation but not mechanisms of genetic progression with adult gastrointestinal stromal tumors. Cancer Res 2007; 67 (19): 9084-8.
(220) Jin T, Nakatani H, Taguchi T, Nakano T, Okabayashi T, Sugimoto T et al. STI571 (Glivec) suppresses the expression of vascular endothelial growth factor in the gastrointestinal stromal tumor cell line, GIST-T1. World J Gastroenterol 2006; 12 (5): 703-8.
(221) Joensuu, H., De Braud, P., Coco, P., De Pas, T., Spreafico, C., Bono, P. et al. A phase II, open-label study of PTK787/ZK222584 in the treatment of metastatic gastrointestinal stromal tumors (GISTs) resistant to imatinib mesylate. In 2006 ASCO Annual Meeting Proceedings. J.Clin.Oncol 2006; 24 (18S): abstract 9531.
(222) Joensuu H, Fletcher C, Dimitrijevic S, Silberman S, Roberts P, Demetri G. Management of malignant gastrointestinal stromal tumours. Lancet Oncol 2002; 3 (11): 655-64.
(223) Joensuu H, Roberts PJ, Sarlomo-Rikala M, Andersson LC, Tervahartiala P, Tuveson D et al. Effect of the tyrosine kinase inhibitor STI571 in a patient with a metastatic gastrointestinal stromal tumor. N Engl J Med 2001; 344 (14): 1052-6.
(224) Johnson, B. E., Fisher, B., Fisher, T., Dunlop, D., Rischin, D., Silberman, S. et al. Phase II study of STI571 (Gleevec^{TM}) for patients with small cell lung cancer. In 2002 ASCO Annual Meeting. Proc Am Soc Clin Oncol 2002; 22 abstract 3275.
(225) Joneja B, Chen HC, Seshasayee D, Wrentmore AL, Wojchowski DM. Mechanisms of stem cell factor and erythropoietin proliferative co-signaling in FDC2-ER cells. Blood 1997; 90 (9): 3533-45.
(226) Judson I, Ma P, Peng B, Verweij J, Racine A, di Paola ED et al. Imatinib pharmacokinetics in patients with gastrointestinal stromal tumour: a retrospective

population pharmacokinetic study over time. EORTC Soft Tissue and Bone Sarcoma Group. Cancer Chemother Pharmacol 2005; 55 (4): 379-86.
(227) Kaifi JT, Strelow A, Schurr PG, Reichelt U, Yekebas EF, Wachowiak R et al. L1 (CD171) is highly expressed in gastrointestinal stromal tumors. Mod Pathol 2006; 19 (3): 399-406.
(228) Kamal A, Boehm MF, Burrows FJ. Therapeutic and diagnostic implications of Hsp90 activation. Trends Mol Med 2004; 10 (6): 283-90.
(229) Kanat O, Adim S, Evrensel T, Yerci O, Ediz B, Kurt E et al. Prognostic value of nm23 in gastrointestinal stromal tumors. Med Oncol 2004; 21 (1): 53-8.
(230) Kang HJ, Koh KH, Yang E, You KT, Kim HJ, Paik YK et al. Differentially expressed proteins in gastrointestinal stromal tumors with KIT and PDGFRA mutations. Proteomics 2006; 6 (4): 1151-7.
(231) Kang HJ, Nam SW, Kim H, Rhee H, Kim NG, Kim H et al. Correlation of KIT and platelet-derived growth factor receptor alpha mutations with gene activation and expression profiles in gastrointestinal stromal tumors. Oncogene 2005; 24 (6): 1066-74.
(232) Kapur R, Chandra S, Cooper R, McCarthy J, Williams DA. Role of p38 and ERK MAP kinase in proliferation of erythroid progenitors in response to stimulation by soluble and membrane isoforms of stem cell factor. Blood 2002; 100 (4): 1287-93.
(233) Kapur R, Majumdar M, Xiao X, ndrews-Hill M, Schindler K, Williams DA. Signaling through the interaction of membrane-restricted stem cell factor and c-kit receptor tyrosine kinase: genetic evidence for a differential role in erythropoiesis. Blood 1998; 91 (3): 879-89.
(234) Karlsson L, Lindahl P, Heath JK, Betsholtz C. Abnormal gastrointestinal development in PDGF-A and PDGFR-(alpha) deficient mice implicates a novel mesenchymal structure with putative instructive properties in villus morphogenesis. Development 2000; 127 (16): 3457-66.
(235) Kawagishi J, Kumabe T, Yoshimoto T, Yamamoto T. Structure, organization, and transcription units of the human alpha-platelet-derived growth factor receptor gene, PDGFRA. Genomics 1995; 30 (2): 224-32.
(236) Kawanowa K, Sakuma Y, Sakurai S, Hishima T, Iwasaki Y, Saito K et al. High incidence of microscopic gastrointestinal stromal tumors in the stomach. Hum Pathol 2006; 37 (12): 1527-35.
(237) Kerkela R, Grazette L, Yacobi R, Iliescu C, Patten R, Beahm C et al. Cardiotoxicity of the cancer therapeutic agent imatinib mesylate. Nat Med 2006; 12 (8): 908-16.
(238) Kim HJ, Lim SJ, Park K, Yuh YJ, Jang SJ, Choi J. Multiple gastrointestinal stromal tumors with a germline c-kit mutation. Pathol Int 2005; 55 (10): 655-9.
(239) Kim JH, Boo YJ, Jung CW, Park SS, Kim SJ, Mok YJ et al. Multiple malignant extragastrointestinal stromal tumors of the greater omentum and results of immunohistochemistry and mutation analysis: a case report. World J Gastroenterol 2007; 13 (24): 3392-5.
(240) Kim NG, Kim JJ, Ahn JY, Seong CM, Noh SH, Kim CB et al. Putative chromosomal deletions on 9P, 9Q and 22Q occur preferentially in malignant gastrointestinal stromal tumors. Int J Cancer 2000; 85 (5): 633-8.
(241) Kim TW, Lee H, Kang YK, Choe MS, Ryu MH, Chang HM et al. Prognostic significance of c-kit mutation in localized gastrointestinal stromal tumors. Clin Cancer Res 2004; 10 (9): 3076-81.
(242) Kinashi T, Escobedo JA, Williams LT, Takatsu K, Springer TA. Receptor tyrosine kinase stimulates cell-matrix adhesion by phosphatidylinositol 3 kinase and phospholipase C-gamma 1 pathways. Blood 1995; 86 (6): 2086-90.
(243) Kindblom LG, Remotti HE, Aldenborg F, Meis-Kindblom JM. Gastrointestinal pacemaker cell tumor (GIPACT): gastrointestinal stromal tumors show phenotypic characteristics of the interstitial cells of Cajal. Am J Pathol 1998; 152 (5): 1259-69.
(244) Kinoshita K, Hirota S, Isozaki K, Nishitani A, Tsutsui S, Watabe K et al. Characterization of tyrosine kinase I domain c-kit gene mutation Asn655Lys newly

found in primary jejunal gastrointestinal stromal tumor. Am J Gastroenterol 2007; 102 (5): 1134-6.
(245) Kinoshita K, Hirota S, Isozaki K, Ohashi A, Nishida T, Kitamura Y et al. Absence of c-kit gene mutations in gastrointestinal stromal tumours from neurofibromatosis type 1 patients. J Pathol 2004; 202 (1): 80-5.
(246) Kinoshita K, Isozaki K, Hirota S, Nishida T, Chen H, Nakahara M et al. c-kit gene mutation at exon 17 or 13 is very rare in sporadic gastrointestinal stromal tumors. J Gastroenterol Hepatol 2003; 18 (2): 147-51.
(247) Kirsch R, Gao ZH, Riddell R. Gastrointestinal stromal tumors: diagnostic challenges and practical approach to differential diagnosis. Adv Anat Pathol 2007; 14 (4): 261-85.
(248) Kiss C, Cesano A, Zsebo KM, Clark SC, Santoli D. Human stem cell factor (c-kit ligand) induces an autocrine loop of growth in a GM-CSF-dependent megakaryocytic leukemia cell line. Leukemia 1993; 7 (2): 235-40.
(249) Kissel H, Timokhina I, Hardy MP, Rothschild G, Tajima Y, Soares V et al. Point mutation in kit receptor tyrosine kinase reveals essential roles for kit signaling in spermatogenesis and oogenesis without affecting other kit responses. EMBO J 2000; 19 (6): 1312-26.
(250) Kisseleva T, Bhattacharya S, Braunstein J, Schindler CW. Signaling through the JAK/STAT pathway, recent advances and future challenges. Gene 2002; 285 (1-2): 1-24.
(251) Kitayama H, Kanakura Y, Furitsu T, Tsujimura T, Oritani K, Ikeda H et al. Constitutively activating mutations of c-kit receptor tyrosine kinase confer factor-independent growth and tumorigenicity of factor-dependent hematopoietic cell lines. Blood 1995; 85 (3): 790-8.
(252) Kleinbaum EP, Lazar AJ, Tamborini E, McAuliffe JC, Sylvestre PB, Sunnenberg TD et al. Clinical, histopathologic, molecular and therapeutic findings in a large kindred with gastrointestinal stromal tumor. Int J Cancer 2008; 122 (3): 711-8.
(253) Knop S, Schupp M, Wardelmann E, Stueker D, Horger MS, Kanz L et al. A new case of Carney triad: gastrointestinal stromal tumours and leiomyoma of the oesophagus do not show activating mutations of KIT and platelet-derived growth factor receptor alpha. J Clin Pathol 2006; 59 (10): 1097-9.
(254) Koike T, Hirai K, Morita Y, Nozawa Y. Stem cell factor-induced signal transduction in rat mast cells. Activation of phospholipase D but not phosphoinositide-specific phospholipase C in c-kit receptor stimulation. J Immunol 1993; 151 (1): 359-66.
(255) Kon-Kozlowski M, Pani G, Pawson T, Siminovitch KA. The tyrosine phosphatase PTP1C associates with Vav, Grb2, and mSos1 in hematopoietic cells. J Biol Chem 1996; 271 (7): 3856-62.
(256) Kondoh G, Hayasaka N, Li Q, Nishimune Y, Hakura A. An in vivo model for receptor tyrosine kinase autocrine/paracrine activation: auto-stimulated KIT receptor acts as a tumor promoting factor in papillomavirus-induced tumorigenesis. Oncogene 1995; 10 (2): 341-7.
(257) Konig A, Corbacioglu S, Ballmaier M, Welte K. Downregulation of c-kit expression in human endothelial cells by inflammatory stimuli. Blood 1997; 90 (1): 148-55.
(258) Kontogianni K, Demonakou M, Kavantzas N, Lazaris AC, Lariou K, Vourlakou C et al. Prognostic predictors of gastrointestinal stromal tumors: a multi-institutional analysis of 102 patients with definition of a prognostic index. Eur J Surg Oncol 2003; 29 (6): 548-56.
(259) Kontogianni-Katsarou K, Lariou C, Tsompanaki E, Vourlakou C, Kairi-Vassilatou E, Mastoris C et al. KIT-negative gastrointestinal stromal tumors with a long term follow-up: a new subgroup does exist. World J Gastroenterol 2007; 13 (7): 1098-102.
(260) Koon N, Schneider-Stock R, Sarlomo-Rikala M, Lasota J, Smolkin M, Petroni G et al. Molecular targets for tumour progression in gastrointestinal stromal tumours. Gut 2004; 53 (2): 235-40.

(261) Koshimizu U, Tsujimura T, Isozaki K, Nomura S, Furitsu T, Kanakura Y et al. Wn mutation of c-kit receptor affects its post-translational processing and extracellular expression. Oncogene 1994; 9 (1): 157-62.
(262) Koyama T, Nimura H, Kobayashi K, Marushima H, Odaira H, Kashimura H et al. Recurrent gastrointestinal stromal tumor (GIST) of the stomach associated with a novel c-kit mutation after imatinib treatment. Gastric Cancer 2006; 9 (3): 235-9.
(263) Kozawa O, Blume-Jensen P, Heldin CH, Ronnstrand L. Involvement of phosphatidylinositol 3'-kinase in stem-cell-factor-induced phospholipase D activation and arachidonic acid release. Eur J Biochem 1997; 248 (1): 149-55.
(264) Kozlowski M, Larose L, Lee F, Le DM, Rottapel R, Siminovitch KA. SHP-1 binds and negatively modulates the c-Kit receptor by interaction with tyrosine 569 in the c-Kit juxtamembrane domain. Mol Cell Biol 1998; 18 (4): 2089-99.
(265) Krosl G, He G, Lefrancois M, Charron F, Romeo PH, Jolicoeur P et al. Transcription factor SCL is required for c-kit expression and c-Kit function in hemopoietic cells. J Exp Med 1998; 188 (3): 439-50.
(266) Krystal G. Lipid phosphatases in the immune system. Semin Immunol 2000; 12 (4): 397-403.
(267) Krystal GW, Hines SJ, Organ CP. Autocrine growth of small cell lung cancer mediated by coexpression of c-kit and stem cell factor. Cancer Res 1996; 56 (2): 370-6.
(268) Laforga JB. Malignant epithelioid gastrointestinal stromal tumors: report of a case with cytologic and immunohistochemical studies. Acta Cytol 2005; 49 (4): 435-40.
(269) Lahm H, Amstad P, Yilmaz A, Borbenyi Z, Wyniger J, Fischer JR et al. Interleukin 4 down-regulates expression of c-kit and autocrine stem cell factor in human colorectal carcinoma cells. Cell Growth Differ 1995; 6 (9): 1111-8.
(270) Lam LP, Chow RY, Berger SA. A transforming mutation enhances the activity of the c-Kit soluble tyrosine kinase domain. Biochem J 1999; 338 (Pt 1): 131-8.
(271) Lasota J, Dansonka-Mieszkowska A, Sobin LH, Miettinen M. A great majority of GISTs with PDGFRA mutations represent gastric tumors of low or no malignant potential. Lab Invest 2004; 84 (7): 874-83.
(272) Lasota J, Dansonka-Mieszkowska A, Stachura T, Schneider-Stock R, Kallajoki M, Steigen SE et al. Gastrointestinal stromal tumors with internal tandem duplications in 3' end of KIT juxtamembrane domain occur predominantly in stomach and generally seem to have a favorable course. Mod Pathol 2003; 16 (12): 1257-64.
(273) Lasota J, Jasinski M, Sarlomo-Rikala M, Miettinen M. Mutations in exon 11 of c-Kit occur preferentially in malignant versus benign gastrointestinal stromal tumors and do not occur in leiomyomas or leiomyosarcomas. Am J Pathol 1999; 154 (1): 53-60.
(274) Lasota J, Kopczynski J, Majidi M, Miettinen M, Sarlomo-Rikala M. Apparent KIT Ser(715) deletion in GIST mRNA is not detectable in genomic DNA and represents a previously known splice variant of KIT transcript. Am J Pathol 2002; 161 (2): 739-41.
(275) Lasota J, Kopczynski J, Sarlomo-Rikala M, Schneider-Stock R, Stachura T, Kordek R et al. KIT 1530ins6 mutation defines a subset of predominantly malignant gastrointestinal stromal tumors of intestinal origin. Hum Pathol 2003; 34 (12): 1306-12.
(276) Lasota J, Miettinen M. A new familial GIST identified. Am J Surg Pathol 2006; 30 (10): 1342.
(277) Lasota J, Miettinen M. KIT exon 11 deletion-inversions represent complex mutations in gastrointestinal stromal tumors. Cancer Genet Cytogenet 2007; 175 (1): 69-72.
(278) Lasota J, Stachura J, Miettinen M. GISTs with PDGFRA exon 14 mutations represent subset of clinically favorable gastric tumors with epithelioid morphology. Lab Invest 2006; 86 (1): 94-100.
(279) Lasota J, Vel Dobosz AJ, Wasag B, Wozniak A, Kraszewska E, Michej W et al. Presence of homozygous KIT exon 11 mutations is strongly associated with malignant clinical behavior in gastrointestinal stromal tumors. Lab Invest 2007; 87 (10): 1029-41.
(280) Lasota J, Wasag B, Steigen SE, Limon J, Miettinen M. Improved detection of KIT exon 11 duplications in formalin-fixed, paraffin-embedded gastrointestinal stromal tumors. J Mol Diagn 2007; 9 (1): 89-94.

(281) Le Cesne, A, Ray-Coquard, I., Bui, B., Rios, M, Adenis, A, Bertucci, F et al. Continuous versus interruption of imatinib (IM) in responding patients with advanced GIST after three years of treatment: A prospective randomized phase II trial of the French Sarcoma Group. In 2007 ASCO Annual Meeting Proceedings Part I. J.Clin.Oncol 2007; 25 (18S): abstract 10005.
(282) Lecoin L, Gabella G, Le DN. Origin of the c-kit-positive interstitial cells in the avian bowel. Development 1996; 122 (3): 725-33.
(283) Lecuyer E, Herblot S, Saint-Denis M, Martin R, Begley CG, Porcher C et al. The SCL complex regulates c-kit expression in hematopoietic cells through functional interaction with Sp1. Blood 2002; 100 (7): 2430-40.
(284) Lemmon MA, Pinchasi D, Zhou M, Lax I, Schlessinger J. Kit receptor dimerization is driven by bivalent binding of stem cell factor. J Biol Chem 1997; 272 (10): 6311-7.
(285) Lennartsson J, Blume-Jensen P, Hermanson M, Ponten E, Carlberg M, Ronnstrand L. Phosphorylation of Shc by Src family kinases is necessary for stem cell factor receptor/c-kit mediated activation of the Ras/MAP kinase pathway and c-fos induction. Oncogene 1999; 18 (40): 5546-53.
(286) Lennartsson J, Jelacic T, Linnekin D, Shivakrupa R. Normal and oncogenic forms of the receptor tyrosine kinase kit. Stem Cells 2005; 23 (1): 16-43.
(287) Lennartsson J, Shivakrupa R, Linnekin D. Synergistic growth of stem cell factor and granulocyte macrophage colony-stimulating factor involves kinase-dependent and - independent contributions from c-Kit. J Biol Chem 2004; 279 (43): 44544-53.
(288) Lennartsson J, Wernstedt C, Engstrom U, Hellman U, Ronnstrand L. Identification of Tyr900 in the kinase domain of c-Kit as a Src-dependent phosphorylation site mediating interaction with c-Crk. Exp Cell Res 2003; 288 (1): 110-8.
(289) Lev S, Givol D, Yarden Y. A specific combination of substrates is involved in signal transduction by the kit-encoded receptor. EMBO J 1991; 10 (3): 647-54.
(290) Lev S, Yarden Y, Givol D. Dimerization and activation of the kit receptor by monovalent and bivalent binding of the stem cell factor. J Biol Chem 1992; 267 (22): 15970-7.
(291) Li FP, Fletcher JA, Heinrich MC, Garber JE, Sallan SE, Curiel-Lewandrowski C et al. Familial gastrointestinal stromal tumor syndrome: phenotypic and molecular features in a kindred. J Clin Oncol 2005; 23 (12): 2735-43.
(292) Li SQ, O'Leary TJ, Sobin LH, Erozan YS, Rosenthal DL, Przygodzki RM. Analysis of KIT mutation and protein expression in fine needle aspirates of gastrointestinal stromal/smooth muscle tumors. Acta Cytol 2000; 44 (6): 981-6.
(293) Libby P, Warner SJ, Salomon RN, Birinyi LK. Production of platelet-derived growth factor-like mitogen by smooth-muscle cells from human atheroma. N Engl J Med 1988; 318 (23): 1493-8.
(294) Linnekin D. Early signaling pathways activated by c-Kit in hematopoietic cells. Int J Biochem Cell Biol 1999; 31 (10): 1053-74.
(295) Linnekin D, DeBerry CS, Mou S. Lyn associates with the juxtamembrane region of c-Kit and is activated by stem cell factor in hematopoietic cell lines and normal progenitor cells. J Biol Chem 1997; 272 (43): 27450-5.
(296) Linnekin D, Weiler SR, Mou S, DeBerry CS, Keller JR, Ruscetti FW et al. JAK2 is constitutively associated with c-Kit and is phosphorylated in response to stem cell factor. Acta Haematol 1996; 95 (3-4): 224-8.
(297) Liscovitch M, Czarny M, Fiucci G, Tang X. Phospholipase D: molecular and cell biology of a novel gene family. Biochem J 2000; 345 (Pt 3): 401-15.
(298) Liu Y, Tseng M, Perdreau SA, Rossi F, Antonescu C, Besmer P et al. Histone H2AX is a mediator of gastrointestinal stromal tumor cell apoptosis following treatment with imatinib mesylate. Cancer Res 2007; 67 (6): 2685-92.
(299) Longley BJ, Reguera MJ, Ma Y. Classes of c-KIT activating mutations: proposed mechanisms of action and implications for disease classification and therapy. Leuk Res 2001; 25 (7): 571-6.

(300) Lorenz U, Bergemann AD, Steinberg HN, Flanagan JG, Li X, Galli SJ et al. Genetic analysis reveals cell type-specific regulation of receptor tyrosine kinase c-Kit by the protein tyrosine phosphatase SHP1. J Exp Med 1996; 184 (3): 1111-26.
(301) Lu HS, Chang WC, Mendiaz EA, Mann MB, Langley KE, Hsu YR. Spontaneous dissociation-association of monomers of the human-stem-cell-factor dimer. Biochem J 1995; 305 (Pt 2): 563-8.
(302) Lucas DR, al-Abbadi M, Tabaczka P, Hamre MR, Weaver DW, Mott MJ. c-Kit expression in desmoid fibromatosis. Comparative immunohistochemical evaluation of two commercial antibodies. Am J Clin Pathol 2003; 119 (3): 339-45.
(303) Lux ML, Rubin BP, Biase TL, Chen CJ, Maclure T, Demetri G et al. KIT extracellular and kinase domain mutations in gastrointestinal stromal tumors. Am J Pathol 2000; 156 (3): 791-5.
(304) Ma Y, Cunningham ME, Wang X, Ghosh I, Regan L, Longley BJ. Inhibition of spontaneous receptor phosphorylation by residues in a putative alpha-helix in the KIT intracellular juxtamembrane region. J Biol Chem 1999; 274 (19): 13399-402.
(305) Maddens S, Charruyer A, Plo I, Dubreuil P, Berger S, Salles B et al. Kit signaling inhibits the sphingomyelin-ceramide pathway through PLC gamma 1: implication in stem cell factor radioprotective effect. Blood 2002; 100 (4): 1294-301.
(306) Maeda H, Yamagata A, Nishikawa S, Yoshinaga K, Kobayashi S, Nishi K et al. Requirement of c-kit for development of intestinal pacemaker system. Development 1992; 116 (2): 369-75.
(307) Maertens O, Prenen H, biec-Rychter M, Wozniak A, Sciot R, Pauwels P et al. Molecular pathogenesis of multiple gastrointestinal stromal tumors in NF1 patients. Hum Mol Genet 2006; 15 (6): 1015-23.
(308) Maeyama H, Hidaka E, Ota H, Minami S, Kajiyama M, Kuraishi A et al. Familial gastrointestinal stromal tumor with hyperpigmentation: association with a germline mutation of the c-kit gene. Gastroenterology 2001; 120 (1): 210-5.
(309) Mahadevan D, Cooke L, Riley C, Swart R, Simons B, Della CK et al. A novel tyrosine kinase switch is a mechanism of imatinib resistance in gastrointestinal stromal tumors. Oncogene 2007; 26 (27): 3909-19.
(310) Mahon FX, Belloc F, Lagarde V, Chollet C, Moreau-Gaudry F, Reiffers J et al. MDR1 gene overexpression confers resistance to imatinib mesylate in leukemia cell line models. Blood 2003; 101 (6): 2368-73.
(311) Majumdar MK, Feng L, Medlock E, Toksoz D, Williams DA. Identification and mutation of primary and secondary proteolytic cleavage sites in murine stem cell factor cDNA yields biologically active, cell-associated protein. J Biol Chem 1994; 269 (2): 1237-42.
(312) Maki, R. G., Fletcher, J. A., Heinrich, M. C., Morgan, J. A., George, S., Desai, J. et al. Results from a continuation trial of SU11248 in patients (pts) with imatinib (IM)-resistant gastrointestinal stromal tumor (GIST). In 2005 ASCO Annual Meeting Proceedings. J.Clin.Oncol 2005; 23 (16S): abstract 9011.
(313) Manley PW, Cowan-Jacob SW, Buchdunger E, Fabbro D, Fendrich G, Furet P et al. Imatinib: a selective tyrosine kinase inhibitor. Eur J Cancer 2002; 38 (Suppl 5): S19-S27.
(314) Manning G, Whyte DB, Martinez R, Hunter T, Sudarsanam S. The protein kinase complement of the human genome. SCIENCE 2002; 298 (5600): 1912-34.
(315) Martin J, Poveda A, Llombart-Bosch A, Ramos R, Lopez-Guerrero JA, Garcia dM et al. Deletions affecting codons 557-558 of the c-KIT gene indicate a poor prognosis in patients with completely resected gastrointestinal stromal tumors: a study by the Spanish Group for Sarcoma Research (GEIS). J Clin Oncol 2005; 23 (25): 6190-8.
(316) Masson K, Heiss E, Band H, Ronnstrand L. Direct binding of Cbl to Tyr568 and Tyr936 of the stem cell factor receptor/c-Kit is required for ligand-induced ubiquitination, internalization and degradation. Biochem J 2006; 399 (1): 59-67.
(317) Matyakhina L, Bei TA, McWhinney SR, Pasini B, Cameron S, Gunawan B et al. Genetics of carney triad: recurrent losses at chromosome 1 but lack of germline

mutations in genes associated with paragangliomas and gastrointestinal stromal tumors. J Clin Endocrinol Metab 2007; 92 (8): 2938-43.
(318) Mazur MT, Clark HB. Gastric stromal tumors. Reappraisal of histogenesis. Am J Surg Pathol 1983; 7 (6): 507-19.
(319) McAuliffe JC, Lazar AJ, Yang D, Steinert DM, Qiao W, Thall PF et al. Association of intratumoral vascular endothelial growth factor expression and clinical outcome for patients with gastrointestinal stromal tumors treated with imatinib mesylate. Clin Cancer Res 2007; 13 (22 Pt 1): 6727-34.
(320) McWhinney SR, Pasini B, Stratakis CA, the International Carney Triad and Carney-Stratakis Syndrome Consortium. Familial Gastrointestinal Stromal Tumors and Germ-Line Mutations. The New England Journal of Medicine 2007; 357 (10): 1054-6.
(321) Medeiros F, Corless CL, Duensing A, Hornick JL, Oliveira AM, Heinrich MC et al. KIT-negative gastrointestinal stromal tumors: proof of concept and therapeutic implications. Am J Surg Pathol 2004; 28 (7): 889-94.
(322) Medina-Franco H, Ramos-De la MA, Cortes-Gonzalez R, Baquera J, ngeles-Angeles A, Urist MM et al. Expression of p53 and proliferation index as prognostic factors in gastrointestinal sarcomas. Ann Surg Oncol 2003; 10 (2): 190-5.
(323) Metaxa-Mariatou V, Papadopoulos S, Papadopoulou E, Passa O, Georgiadis T, rapadoni-Dadioti P et al. Molecular analysis of GISTs: evaluation of sequencing and dHPLC. DNA Cell Biol 2004; 23 (11): 777-82.
(324) Meza-Zepeda LA, Kresse SH, Barragan-Polania AH, Bjerkehagen B, Ohnstad HO, Namlos HM et al. Array comparative genomic hybridization reveals distinct DNA copy number differences between gastrointestinal stromal tumors and leiomyosarcomas. Cancer Res 2006; 66 (18): 8984-93.
(325) Miettinen M, El-Rifai W, Sobin HL, Lasota J. Evaluation of malignancy and prognosis of gastrointestinal stromal tumors: a review. Hum Pathol 2002; 33 (5): 478-83.
(326) Miettinen M, Fetsch JF, Sobin LH, Lasota J. Gastrointestinal stromal tumors in patients with neurofibromatosis 1: a clinicopathologic and molecular genetic study of 45 cases. Am J Surg Pathol 2006; 30 (1): 90-6.
(327) Miettinen M, Furlong M, Sarlomo-Rikala M, Burke A, Sobin LH, Lasota J. Gastrointestinal stromal tumors, intramural leiomyomas, and leiomyosarcomas in the rectum and anus: a clinicopathologic, immunohistochemical, and molecular genetic study of 144 cases. Am J Surg Pathol 2001; 25 (9): 1121-33.
(328) Miettinen M, Kopczynski J, Makhlouf HR, Sarlomo-Rikala M, Gyorffy H, Burke A et al. Gastrointestinal stromal tumors, intramural leiomyomas, and leiomyosarcomas in the duodenum: a clinicopathologic, immunohistochemical, and molecular genetic study of 167 cases. Am J Surg Pathol 2003; 27 (5): 625-41.
(329) Miettinen M, Lasota J. Gastrointestinal stromal tumors--definition, clinical, histological, immunohistochemical, and molecular genetic features and differential diagnosis. Virchows Arch 2001; 438 (1): 1-12.
(330) Miettinen M, Lasota J. Gastrointestinal stromal tumors (GISTs): definition, occurrence, pathology, differential diagnosis and molecular genetics. Pol J Pathol 2003; 54 (1): 3-24.
(331) Miettinen M, Lasota J. KIT (CD117): a review on expression in normal and neoplastic tissues, and mutations and their clinicopathologic correlation. Appl Immunohistochem Mol Morphol 2005; 13 (3): 205-20.
(332) Miettinen M, Lasota J. Gastrointestinal stromal tumors: pathology and prognosis at different sites. Semin Diagn Pathol 2006; 23 (2): 70-83.
(333) Miettinen M, Lasota J. Gastrointestinal stromal tumors: review on morphology, molecular pathology, prognosis, and differential diagnosis. Arch Pathol Lab Med 2006; 130 (10): 1466-78.
(334) Miettinen M, Majidi M, Lasota J. Pathology and diagnostic criteria of gastrointestinal stromal tumors (GISTs): a review. Eur J Cancer 2002; 38 (Suppl 5): S39-S51.
(335) Miettinen M, Makhlouf H, Sobin LH, Lasota J. Gastrointestinal stromal tumors of the jejunum and ileum: a clinicopathologic, immunohistochemical, and molecular genetic

study of 906 cases before imatinib with long-term follow-up. Am J Surg Pathol 2006; 30 (4): 477-89.
(336) Miettinen M, Sarlomo-Rikala M, Kovatich AJ, Lasota J. Calponin and h-caldesmon in soft tissue tumors: consistent h-caldesmon immunoreactivity in gastrointestinal stromal tumors indicates traits of smooth muscle differentiation. Mod Pathol 1999; 12 (8): 756-62.
(337) Miettinen M, Sarlomo-Rikala M, Lasota J. Gastrointestinal stromal tumours. Ann Chir Gynaecol 1998; 87 (4): 278-81.
(338) Miettinen M, Sarlomo-Rikala M, Lasota J. Gastrointestinal stromal tumors: recent advances in understanding of their biology. Hum Pathol 1999; 30 (10): 1213-20.
(339) Miettinen M, Sarlomo-Rikala M, Sobin LH, Lasota J. Esophageal stromal tumors: a clinicopathologic, immunohistochemical, and molecular genetic study of 17 cases and comparison with esophageal leiomyomas and leiomyosarcomas. Am J Surg Pathol 2000; 24 (2): 211-22.
(340) Miettinen M, Sobin LH, Lasota J. Gastrointestinal stromal tumors of the stomach: a clinicopathologic, immunohistochemical, and molecular genetic study of 1765 cases with long-term follow-up. Am J Surg Pathol 2005; 29 (1): 52-68.
(341) Miettinen M, Sobin LH, Sarlomo-Rikala M. Immunohistochemical spectrum of GISTs at different sites and their differential diagnosis with a reference to CD117 (KIT). Mod Pathol 2000; 13 (10): 1134-42.
(342) Miettinen M, Virolainen M, Maarit SR. Gastrointestinal stromal tumors--value of CD34 antigen in their identification and separation from true leiomyomas and schwannomas. Am J Surg Pathol 1995; 19 (2): 207-16.
(343) Mirmonsef P, Shelburne CP, Fitzhugh YC, Chong HJ, Ryan JJ. Inhibition of Kit expression by IL-4 and IL-10 in murine mast cells: role of STAT6 and phosphatidylinositol 3'-kinase. J Immunol 1999; 163 (5): 2530-9.
(344) Miselli FC, Casieri P, Negri T, Orsenigo M, Lagonigro MS, Gronchi A et al. c-Kit/PDGFRA gene status alterations possibly related to primary imatinib resistance in gastrointestinal stromal tumors. Clin Cancer Res 2007; 13 (8): 2369-77.
(345) Miyazawa K, Williams DA, Gotoh A, Nishimaki J, Broxmeyer HE, Toyama K. Membrane-bound Steel factor induces more persistent tyrosine kinase activation and longer life span of c-kit gene-encoded protein than its soluble form. Blood 1995; 85 (3): 641-9.
(346) Mol CD, Dougan DR, Schneider TR, Skene RJ, Kraus ML, Scheibe DN et al. Structural basis for the autoinhibition and STI-571 inhibition of c-Kit tyrosine kinase. J Biol Chem 2004; 279 (30): 31655-63.
(347) Mol CD, Lim KB, Sridhar V, Zou H, Chien EY, Sang BC et al. Structure of a c-kit product complex reveals the basis for kinase transactivation. J Biol Chem 2003; 278 (34): 31461-4.
(348) Monges G, Coindre J, Scoazec J, Bouvier A, Blay J, Loria-Kanza Y et al. Incidence of gastrointestinal stromal tumors (GISTs) in France: Results of the PROGIST survey conducted among pathologists. ASCO Meeting Abstracts 2007; 25 (18_suppl): 10047.
(349) Monihan JM, Carr NJ, Sobin LH. CD34 immunoexpression in stromal tumours of the gastrointestinal tract and in mesenteric fibromatoses. Histopathology 1994; 25 (5): 469-73.
(350) Monks CR, Kupfer H, Tamir I, Barlow A, Kupfer A. Selective modulation of protein kinase C-theta during T-cell activation. NATURE 1997; 385 (6611): 83-6.
(351) Montgomery E, Abraham SC, Fisher C, Deasel MR, Amr SS, Sheikh SS et al. CD44 loss in gastric stromal tumors as a prognostic marker. Am J Surg Pathol 2004; 28 (2): 168-77.
(352) Motegi A, Sakurai S, Nakayama H, Sano T, Oyama T, Nakajima T. PKC theta, a novel immunohistochemical marker for gastrointestinal stromal tumors (GIST), especially useful for identifying KIT-negative tumors. Pathol Int 2005; 55 (3): 106-12.
(353) Mudhar HS, Pollock RA, Wang C, Stiles CD, Richardson WD. PDGF and its receptors in the developing rodent retina and optic nerve. Development 1993; 118 (2): 539-52.

(354) Muller S, Scaffidi P, Degryse B, Bonaldi T, Ronfani L, Agresti A et al. New EMBO members' review: the double life of HMGB1 chromatin protein: architectural factor and extracellular signal. EMBO J 2001; 20 (16): 4337-40.
(355) Mustelin T, Brockdorff J, Gjorloff-Wingren A, Tailor P, Han S, Wang X et al. Lymphocyte activation: the coming of the protein tyrosine phosphatases. Front Biosci 1998; 3 : D1060-D1096.
(356) Nagasako Y, Misawa K, Kohashi S, Hasegawa K, Okawa Y, Sano H et al. Evaluation of malignancy using Ki-67 labeling index for gastric stromal tumor. Gastric Cancer 2003; 6 (3): 168-72.
(357) Nakamura N, Yamamoto H, Yao T, Oda Y, Nishiyama K, Imamura M et al. Prognostic significance of expressions of cell-cycle regulatory proteins in gastrointestinal stromal tumor and the relevance of the risk grade. Hum Pathol 2005; 36 (7): 828-37.
(358) Nakatani H, Araki K, Jin T, Kobayashi M, Sugimoto T, Akimori T et al. STI571 (Glivec) induces cell death in the gastrointestinal stromal tumor cell line, GIST-T1, via endoplasmic reticulum stress response. Int J Mol Med 2006; 17 (5): 893-7.
(359) Nakatani H, Kobayashi M, Jin T, Taguchi T, Sugimoto T, Nakano T et al. STI571 (Glivec) inhibits the interaction between c-KIT and heat shock protein 90 of the gastrointestinal stromal tumor cell line, GIST-T1. Cancer Sci 2005; 96 (2): 116-9.
(360) Nathanson DR, Culliford AT, Shia J, Chen B, D'Alessio M, Zeng ZS et al. HER 2/neu expression and gene amplification in colon cancer. Int J Cancer 2003; 105 (6): 796-802.
(361) Nemorin JG, Duplay P. Evidence that Llck-mediated phosphorylation of p56dok and p62dok may play a role in CD2 signaling. J Biol Chem 2000; 275 (19): 14590-7.
(362) Nielsen TO, West RB, Linn SC, Alter O, Knowling MA, O'Connell JX et al. Molecular characterisation of soft tissue tumours: a gene expression study. Lancet 2002; 359 (9314): 1301-7.
(363) Nilsson B, Bumming P, Meis-Kindblom JM, Oden A, Dortok A, Gustavsson B et al. Gastrointestinal stromal tumors: the incidence, prevalence, clinical course, and prognostication in the preimatinib mesylate era--a population-based study in western Sweden. Cancer 2005; 103 (4): 821-9.
(364) Nilsson B, Sjolund K, Kindblom LG, Meis-Kindblom JM, Bumming P, Nilsson O et al. Adjuvant imatinib treatment improves recurrence-free survival in patients with high-risk gastrointestinal stromal tumours (GIST). Br J Cancer 2007; 96 (11): 1656-8.
(365) Ning ZQ, Li J, Arceci RJ. Signal transducer and activator of transcription 3 activation is required for Asp(816) mutant c-Kit-mediated cytokine-independent survival and proliferation in human leukemia cells. Blood 2001; 97 (11): 3559-67.
(366) Nishida K, Wang L, Morii E, Park SJ, Narimatsu M, Itoh S et al. Requirement of Gab2 for mast cell development and KitL/c-Kit signaling. Blood 2002; 99 (5): 1866-9.
(367) Nishida T, Hirota S, Taniguchi M, Hashimoto K, Isozaki K, Nakamura H et al. Familial gastrointestinal stromal tumours with germline mutation of the KIT gene. Nat Genet 1998; 19 (4): 323-4.
(368) Noguchi T, Sato T, Takeno S, Uchida Y, Kashima K, Yokoyama S et al. Biological analysis of gastrointestinal stromal tumors. Oncol Rep 2002; 9 (6): 1277-82.
(369) O'Farrell AM, Ichihara M, Mui AL, Miyajima A. Signaling pathways activated in a unique mast cell line where interleukin-3 supports survival and stem cell factor is required for a proliferative response. Blood 1996; 87 (9): 3655-68.
(370) O'Leary T, Ernst S, Przygodzki R, Emory T, Sobin L. Loss of heterozygosity at 1p36 predicts poor prognosis in gastrointestinal stromal/smooth muscle tumors. Lab Invest 1999; 79 (12): 1461-7.
(371) O'Riain C, Corless CL, Heinrich MC, Keegan D, Vioreanu M, Maguire D et al. Gastrointestinal stromal tumors: insights from a new familial GIST kindred with unusual genetic and pathologic features. Am J Surg Pathol 2005; 29 (12): 1680-3.
(372) O'Shea JJ, Gadina M, Schreiber RD. Cytokine signaling in 2002: new surprises in the Jak/Stat pathway. Cell 2002; 109 Suppl : S121-S131.

(373) Ogasawara N, Tsukamoto T, Inada K, Mizoshita T, Ban N, Yamao K et al. Frequent c-Kit gene mutations not only in gastrointestinal stromal tumors but also in interstitial cells of Cajal in surrounding normal mucosa. Cancer Lett 2005; 230 (2): 199-210.
(374) Ohashi A, Kinoshita K, Isozaki K, Nishida T, Shinomura Y, Kitamura Y et al. Different inhibitory effect of imatinib on phosphorylation of mitogen-activated protein kinase and Akt and on proliferation in cells expressing different types of mutant platelet-derived growth factor receptor-alpha. Int J Cancer 2004; 111 (3): 317-21.
(375) Oikonomou D, Hassan K, Kaifi JT, Fiegel HC, Schurr PG, Reichelt U et al. Thy-1 as a potential novel diagnostic marker for gastrointestinal stromal tumors. J Cancer Res Clin Oncol 2007; 133 (12): 951-5.
(376) Ono K, Han J. The p38 signal transduction pathway: activation and function. Cell Signal 2000; 12 (1): 1-13.
(377) Orosz Z, Tornoczky T, Sapi Z. Gastrointestinal stromal tumors: a clinicopathologic and immunohistochemical study of 136 cases. Pathol Oncol Res 2005; 11 (1): 11-21.
(378) Otto KG, Jin L, Spencer DM, Blau CA. Cell proliferation through forced engagement of c-Kit and Flt-3. Blood 2001; 97 (11): 3662-4.
(379) Pandiella A, Bosenberg MW, Huang EJ, Besmer P, Massague J. Cleavage of membrane-anchored growth factors involves distinct protease activities regulated through common mechanisms. J Biol Chem 1992; 267 (33): 24028-33.
(380) Paner GP, Silberman S, Hartman G, Micetich KC, Aranha GV, Alkan S. Analysis of signal transducer and activator of transcription 3 (STAT3) in gastrointestinal stromal tumors. Anticancer Res 2003; 23 (3B): 2253-60.
(381) Panizo-Santos A, Sola I, Vega F, de AE, Lozano MD, Idoate MA et al. Predicting Metastatic Risk of Gastrointestinal Stromal Tumors: Role of Cell Proliferation and Cell Cycle Regulatory Proteins. Int J Surg Pathol 2000; 8 (2): 133-44.
(382) Parfitt JR, Streutker CJ, Riddell RH, Driman DK. Gastrointestinal stromal tumors: a contemporary review. Pathol Res Pract 2006; 202 (12): 837-47.
(383) Park GH, Plummer HK, Krystal GW. Selective Sp1 binding is critical for maximal activity of the human c-kit promoter. Blood 1998; 92 (11): 4138-49.
(384) Pasini B, Matyakhina L, Bei T, Muchow M, Boikos S, Ferrando B et al. Multiple gastrointestinal stromal and other tumors caused by platelet-derived growth factor receptor alpha gene mutations: a case associated with a germline V561D defect. J Clin Endocrinol Metab 2007; 92 (9): 3728-32.
(385) Pasini B, McWhinney SR, Bei T, Matyakhina L, Stergiopoulos S, Muchow M et al. Clinical and molecular genetics of patients with the Carney-Stratakis syndrome and germline mutations of the genes coding for the succinate dehydrogenase subunits SDHB, SDHC, and SDHD. Eur J Hum Genet 2007; 16 (1): 79-88.
(386) Passalacqua M, Zicca A, Sparatore B, Patrone M, Melloni E, Pontremoli S. Secretion and binding of HMG1 protein to the external surface of the membrane are required for murine erythroleukemia cell differentiation. FEBS Lett 1997; 400 (3): 275-9.
(387) Pauls K, Merkelbach-Bruse S, Thal D, Buttner R, Wardelmann E. PDGFRalpha- and c-kit-mutated gastrointestinal stromal tumours (GISTs) are characterized by distinctive histological and immunohistochemical features. Histopathology 2005; 46 (2): 166-75.
(388) Paulson RF, Vesely S, Siminovitch KA, Bernstein A. Signalling by the W/Kit receptor tyrosine kinase is negatively regulated in vivo by the protein tyrosine phosphatase Shp1. Nat Genet 1996; 13 (3): 309-15.
(389) Pauwels P, biec-Rychter M, Stul M, De W, I, van Oosterom AT, Sciot R. Changing phenotype of gastrointestinal stromal tumours under imatinib mesylate treatment: a potential diagnostic pitfall. Histopathology 2005; 47 (1): 41-7.
(390) Pearson MA, O'Farrell AM, Dexter TM, Whetton AD, Owen-Lynch PJ, Heyworth CM. Investigation of the molecular mechanisms underlying growth factor synergy: the role of ERK 2 activation in synergy. Growth Factors 1998; 15 (4): 293-306.

(391) Penzel R, Aulmann S, Moock M, Schwarzbach M, Rieker RJ, Mechtersheimer G. The location of KIT and PDGFRA gene mutations in gastrointestinal stromal tumours is site and phenotype associated. J Clin Pathol 2005; 58 (6): 634-9.
(392) Perez-Atayde AR, Shamberger RC, Kozakewich HW. Neuroectodermal differentiation of the gastrointestinal tumors in the Carney triad. An ultrastructural and immunohistochemical study. Am J Surg Pathol 1993; 17 (7): 706-14.
(393) Philips MR. Compartmentalized signalling of Ras. Biochem Soc Trans 2005; 33 (Pt 4): 657-61.
(394) Philo JS, Wen J, Wypych J, Schwartz MG, Mendiaz EA, Langley KE. Human stem cell factor dimer forms a complex with two molecules of the extracellular domain of its receptor, Kit. J Biol Chem 1996; 271 (12): 6895-902.
(395) Piao X, Curtis JE, Minkin S, Minden MD, Bernstein A. Expression of the Kit and KitA receptor isoforms in human acute myelogenous leukemia. Blood 1994; 83 (2): 476-81.
(396) Piao X, Paulson R, van der GP, Pawson T, Bernstein A. Oncogenic mutation in the Kit receptor tyrosine kinase alters substrate specificity and induces degradation of the protein tyrosine phosphatase SHP-1. Proc Natl Acad Sci U S A 1996; 93 (25): 14665-9.
(397) Pietras K, Sjoblom T, Rubin K, Heldin CH, Ostman A. PDGF receptors as cancer drug targets. Cancer Cell 2003; 3 (5): 439-43.
(398) Pietsch T. Paracrine and autocrine growth mechanisms of human stem cell factor (c-kit ligand) in myeloid leukemia. Nouv Rev Fr Hematol 1993; 35 (3): 285-6.
(399) Pietsch T, Kyas U, Steffens U, Yakisan E, Hadam MR, Ludwig WD et al. Effects of human stem cell factor (c-kit ligand) on proliferation of myeloid leukemia cells: heterogeneity in response and synergy with other hematopoietic growth factors. Blood 1992; 80 (5): 1199-206.
(400) Plo I, Lautier D, Casteran N, Dubreuil P, Arock M, Laurent G. Kit signaling and negative regulation of daunorubicin-induced apoptosis: role of phospholipase Cgamma. Oncogene 2001; 20 (46): 6752-63.
(401) Poole DP, Hunne B, Robbins HL, Furness JB. Protein kinase C isoforms in the enteric nervous system. Histochem Cell Biol 2003; 120 (1): 51-61.
(402) Poole DP, Van NT, Kawai M, Furness JB. Protein kinases expressed by interstitial cells of Cajal. Histochem Cell Biol 2004; 121 (1): 21-30.
(403) Prakash S, Sarran L, Socci N, DeMatteo RP, Eisenstat J, Greco AM et al. Gastrointestinal stromal tumors in children and young adults: a clinicopathologic, molecular, and genomic study of 15 cases and review of the literature. J Pediatr Hematol Oncol 2005; 27 (4): 179-87.
(404) Price DJ, Rivnay B, Fu Y, Jiang S, Avraham S, Avraham H. Direct association of Csk homologous kinase (CHK) with the diphosphorylated site Tyr568/570 of the activated c-KIT in megakaryocytes. J Biol Chem 1997; 272 (9): 5915-20.
(405) Price ND, Trent J, El-Naggar AK, Cogdell D, Taylor E, Hunt KK et al. Highly accurate two-gene classifier for differentiating gastrointestinal stromal tumors and leiomyosarcomas. Proc Natl Acad Sci U S A 2007; 104 (9): 3414-9.
(406) Price VE, Zielenska M, Chilton-MacNeill S, Smith CR, Pappo AS. Clinical and molecular characteristics of pediatric gastrointestinal stromal tumors (GISTs). Pediatr Blood Cancer 2005; 45 (1): 20-4.
(407) Pruneri G, Mazzarol G, Fabris S, Del CB, Bertolini F, Neri A et al. Cyclin D3 immunoreactivity in gastrointestinal stromal tumors is independent of cyclin D3 gene amplification and is associated with nuclear p27 accumulation. Mod Pathol 2003; 16 (9): 886-92.
(408) Rankin, C, von Mehren, M., Blanke, C., Benjamin, R., Fletcher, C. D. M., Bramwell, V. et al. Dose effect of imatinib (IM) in patients (pts) with metastatic GIST - Phase III Sarcoma Group Study S0033. In 2004 ASCO Annual Meeting Proceedings (Post-Meeting Edition). J Clin.Oncol. 2004; 22 (14S): abstract 9005.
(409) Rassoulzadegan M, Grandjean V, Gounon P, Vincent S, Gillot I, Cuzin F. RNA-mediated non-mendelian inheritance of an epigenetic change in the mouse. NATURE 2006; 441 (7092): 469-74.

(410) Ratajczak MZ, Perrotti D, Melotti P, Powzaniuk M, Calabretta B, Onodera K et al. Myb and ets proteins are candidate regulators of c-kit expression in human hematopoietic cells. Blood 1998; 91 (6): 1934-46.
(411) Ray-Coquard I, Le CA, Michallet V, Boukovinas I, Ranchere D, Thiesse P et al. [Gastro-intestinal stromal tumors: news and comments]. Bull Cancer 2003; 90 (1): 69-76.
(412) Reichardt, P., Casali, P., Blay, J., von Mehren, M., Schoffski, P., Hosseinzadeh, S. et al. A phase I study of AMN107 alone and in combination with imatinib in patients (pts) with imatinib-resistant gastrointestinal stromal tumors (GIST). In 2006 ASCO Annual Meeting Proceedings. J.Clin.Oncol 2006; 24 (18S): abstract 9545.
(413) Reichardt, P., Pink, D., Lindner, T., Heinrich, M. C., Cohen, P. S., Wang, Y. et al. A phaseI/II trial of the oral PKC-inhibitor PKC412 (PKC) in combination with imatinib (IM) in patients (pts) with gastrointestinal stromal tumor (GIST) refractory to IM. In 2005 ASCO Annual Meeting Proceedings. J.Clin.Oncol 2005; 23 (16S): abstract 3016.
(414) Reith AD, Ellis C, Lyman SD, Anderson DM, Williams DE, Bernstein A et al. Signal transduction by normal isoforms and W mutant variants of the Kit receptor tyrosine kinase. EMBO J 1991; 10 (9): 2451-9.
(415) Reith AD, Rottapel R, Giddens E, Brady C, Forrester L, Bernstein A. W mutant mice with mild or severe developmental defects contain distinct point mutations in the kinase domain of the c-kit receptor. Genes Dev 1990; 4 (3): 390-400.
(416) Reith JD, Goldblum JR, Lyles RH, Weiss SW. Extragastrointestinal (soft tissue) stromal tumors: an analysis of 48 cases with emphasis on histologic predictors of outcome. Mod Pathol 2000; 13 (5): 577-85.
(417) Reynaud K, Cortvrindt R, Smitz J, Bernex F, Panthier JJ, Driancourt MA. Alterations in ovarian function of mice with reduced amounts of KIT receptor. Reproduction 2001; 121 (2): 229-37.
(418) Ricci R, Maggiano N, Castri F, Rinelli A, Murazio M, Pacelli F et al. Role of PTEN in gastrointestinal stromal tumor progression. Arch Pathol Lab Med 2004; 128 (4): 421-5.
(419) Ricotti E, Fagioli F, Garelli E, Linari C, Crescenzio N, Horenstein AL et al. c-kit is expressed in soft tissue sarcoma of neuroectodermic origin and its ligand prevents apoptosis of neoplastic cells. Blood 1998; 91 (7): 2397-405.
(420) Roberts KG, Odell AF, Byrnes EM, Baleato RM, Griffith R, Lyons AB et al. Resistance to c-KIT kinase inhibitors conferred by V654A mutation. Mol Cancer Ther 2007; 6 (3): 1159-66.
(421) Robinson TL, Sircar K, Hewlett BR, Chorneyko K, Riddell RH, Huizinga JD. Gastrointestinal stromal tumors may originate from a subset of CD34-positive interstitial cells of Cajal. Am J Pathol 2000; 156 (4): 1157-63.
(422) Ronnstrand L. Signal transduction via the stem cell factor receptor/c-Kit. Cell Mol Life Sci 2004; 61 (19-20): 2535-48.
(423) Roskoski R, Jr. Src protein-tyrosine kinase structure and regulation. Biochem Biophys Res Commun 2004; 324 (4): 1155-64.
(424) Roskoski R, Jr. Signaling by Kit protein-tyrosine kinase--the stem cell factor receptor. Biochem Biophys Res Commun 2005; 337 (1): 1-13.
(425) Ross R. Platelet-derived growth factor. Lancet 1989; 1 (8648): 1179-82.
(426) Rossi F, Ehlers I, Agosti V, Socci ND, Viale A, Sommer G et al. Oncogenic Kit signaling and therapeutic intervention in a mouse model of gastrointestinal stromal tumor. Proc Natl Acad Sci U S A 2006; 103 (34): 12843-8.
(427) Rossi G, Valli R, Bertolini F, Marchioni A, Cavazza A, Mucciarini C et al. PDGFR expression in differential diagnosis between KIT-negative gastrointestinal stromal tumours and other primary soft-tissue tumours of the gastrointestinal tract. Histopathology 2005; 46 (5): 522-31.
(428) Rossi P, Marziali G, Albanesi C, Charlesworth A, Geremia R, Sorrentino V. A novel c-kit transcript, potentially encoding a truncated receptor, originates within a kit gene intron in mouse spermatids. Dev Biol 1992; 152 (1): 203-7.

(429) Roussel MF, Downing JR, Rettenmier CW, Sherr CJ. A point mutation in the extracellular domain of the human CSF-1 receptor (c-fms proto-oncogene product) activates its transforming potential. Cell 1988; 55 (6): 979-88.
(430) Rubin BP. Gastrointestinal stromal tumours: an update. Histopathology 2006; 48 (1): 83-96.
(431) Rubin BP, Antonescu CR, Scott-Browne JP, Comstock ML, Gu Y, Tanas MR et al. A knock-in mouse model of gastrointestinal stromal tumor harboring kit K641E. Cancer Res 2005; 65 (15): 6631-9.
(432) Rubin BP, Heinrich MC, Corless CL. Gastrointestinal stromal tumour. Lancet 2007; 369 (9574): 1731-41.
(433) Rubin BP, Singer S, Tsao C, Duensing A, Lux ML, Ruiz R et al. KIT activation is a ubiquitous feature of gastrointestinal stromal tumors. Cancer Res 2001; 61 (22): 8118-21.
(434) Rubio J, Marcos-Gragera R, Ortiz MR, Miro J, Vilardell L, Girones J et al. Population-based incidence and survival of gastrointestinal stromal tumours (GIST) in Girona, Spain. Eur J Cancer 2007; 43 (1): 144-8.
(435) Rudolph P, Gloeckner K, Parwaresch R, Harms D, Schmidt D. Immunophenotype, proliferation, DNA ploidy, and biological behavior of gastrointestinal stromal tumors: a multivariate clinicopathologic study. Hum Pathol 1998; 29 (8): 791-800.
(436) Rutkowski P, Nowecki ZI, biec-Rychter M, Grzesiakowska U, Michej W, Wozniak A et al. Predictive factors for long-term effects of imatinib therapy in patients with inoperable/metastatic CD117(+) gastrointestinal stromal tumors (GISTs). J Cancer Res Clin Oncol 2007; 133 (9): 589-97.
(437) Ryu MH, Kang YK, Jang SJ, Kim TW, Lee H, Kim JS et al. Prognostic significance of p53 gene mutations and protein overexpression in localized gastrointestinal stromal tumours. Histopathology 2007; 51 (3): 379-89.
(438) Sabah M, Cummins R, Leader M, Kay E. Loss of heterozygosity of chromosome 9p and loss of p16INK4A expression are associated with malignant gastrointestinal stromal tumors. Mod Pathol 2004; 17 (11): 1364-71.
(439) Sabah M, Cummins R, Leader M, Kay E. Altered expression of cell cycle regulatory proteins in gastrointestinal stromal tumors: markers with potential prognostic implications. Hum Pathol 2006; 37 (6): 648-55.
(440) Sabah M, Leader M, Kay E. The problem with KIT: clinical implications and practical difficulties with CD117 immunostaining. Appl Immunohistochem Mol Morphol 2003; 11 (1): 56-61.
(441) Saito M, Sakurai S, Motegi A, Saito K, Sano T, Nakajima T. Comparative study using rabbit-derived polyclonal, mouse-derived monoclonal, and rabbit-derived monoclonal antibodies for KIT immunostaining in GIST and other tumors. Pathol Int 2007; 57 (4): 200-4.
(442) Sakurai S, Fukasawa T, Chong JM, Tanaka A, Fukayama M. C-kit gene abnormalities in gastrointestinal stromal tumors (tumors of interstitial cells of Cajal. Jpn J Cancer Res 1999; 90 (12): 1321-8.
(443) Sakurai S, Fukasawa T, Chong JM, Tanaka A, Fukayama M. Embryonic form of smooth muscle myosin heavy chain (SMemb/MHC-B) in gastrointestinal stromal tumor and interstitial cells of Cajal. Am J Pathol 1999; 154 (1): 23-8.
(444) Sakurai S, Fukayama M, Kaizaki Y, Saito K, Kanazawa K, Kitamura M et al. Telomerase activity in gastrointestinal stromal tumors. Cancer 1998; 83 (10): 2060-6.
(445) Sakurai S, Oguni S, Hironaka M, Fukayama M, Morinaga S, Saito K. Mutations in c-kit gene exons 9 and 13 in gastrointestinal stromal tumors among Japanese. Jpn J Cancer Res 2001; 92 (5): 494-8.
(446) Samelis GF, Ekmektzoglou KA, Zografos GC. Gastrointestinal stromal tumours: Clinical overview, surgery and recent advances in imatinib mesylate therapy. Eur J Surg Oncol 2006; 33 (8): 942-50.

(447) Sanchez BR, Morton JM, Curet MJ, Alami RS, Safadi BY. Incidental finding of gastrointestinal stromal tumors (GISTs) during laparoscopic gastric bypass. Obes Surg 2005; 15 (10): 1384-8.
(448) Sarlomo-Rikala M, Kovatich AJ, Barusevicius A, Miettinen M. CD117: a sensitive marker for gastrointestinal stromal tumors that is more specific than CD34. Mod Pathol 1998; 11 (8): 728-34.
(449) Sarlomo-Rikala M, Tsujimura T, Lendahl U, Miettinen M. Patterns of nestin and other intermediate filament expression distinguish between gastrointestinal stromal tumors, leiomyomas and schwannomas. APMIS 2002; 110 (6): 499-507.
(450) Saund MS, Demetri GD, Ashley SW. Gastrointestinal stromal tumors (GISTs). Curr Opin Gastroenterol 2004; 20 (2): 89-94.
(451) Schittenhelm MM, Shiraga S, Schroeder A, Corbin AS, Griffith D, Lee FY et al. Dasatinib (BMS-354825), a dual SRC/ABL kinase inhibitor, inhibits the kinase activity of wild-type, juxtamembrane, and activation loop mutant KIT isoforms associated with human malignancies. Cancer Res 2006; 66 (1): 473-81.
(452) Schmidt-Arras DE, Bohmer A, Markova B, Choudhary C, Serve H, Bohmer FD. Tyrosine phosphorylation regulates maturation of receptor tyrosine kinases. Mol Cell Biol 2005; 25 (9): 3690-703.
(453) Schneider-Stock R, Boltze C, Lasota J, Miettinen M, Peters B, Pross M et al. High prognostic value of p16INK4 alterations in gastrointestinal stromal tumors. J Clin Oncol 2003; 21 (9): 1688-97.
(454) Schneider-Stock R, Boltze C, Lasota J, Peters B, Corless CL, Ruemmele P et al. Loss of p16 protein defines high-risk patients with gastrointestinal stromal tumors: a tissue microarray study. Clin Cancer Res 2005; 11 (2 Pt 1): 638-45.
(455) Schurr P, Wolter S, Kaifi J, Reichelt U, Kleinhans H, Wachowiak R et al. Microsatellite DNA alterations of gastrointestinal stromal tumors are predictive for outcome. Clin Cancer Res 2006; 12 (17): 5151-7.
(456) Seidal T, Edvardsson H. Expression of c-kit (CD117) and Ki67 provides information about the possible cell of origin and clinical course of gastrointestinal stromal tumours. Histopathology 1999; 34 (5): 416-24.
(457) Serve H, Hsu YC, Besmer P. Tyrosine residue 719 of the c-kit receptor is essential for binding of the P85 subunit of phosphatidylinositol (PI) 3-kinase and for c-kit-associated PI 3-kinase activity in COS-1 cells. J Biol Chem 1994; 269 (8): 6026-30.
(458) Serve H, Yee NS, Stella G, Sepp-Lorenzino L, Tan JC, Besmer P. Differential roles of PI3-kinase and Kit tyrosine 821 in Kit receptor-mediated proliferation, survival and cell adhesion in mast cells. EMBO J 1995; 14 (3): 473-83.
(459) Shankar S, Vansonnenberg E, Desai J, Dipiro PJ, Van Den AA, Demetri GD. Gastrointestinal stromal tumor: new nodule-within-a-mass pattern of recurrence after partial response to imatinib mesylate. Radiology 2005; 235 (3): 892-8.
(460) Sheehan KM, Sabah M, Cummins RJ, O'Grady A, Murray FE, Leader MB et al. Cyclooxygenase-2 expression in stromal tumors of the gastrointestinal tract. Hum Pathol 2003; 34 (12): 1242-6.
(461) Shek TW, Luk IS, Loong F, Ip P, Ma L. Inflammatory cell-rich gastrointestinal autonomic nerve tumor. An expansion of its histologic spectrum. Am J Surg Pathol 1996; 20 (3): 325-31.
(462) Shi ZQ, Lu W, Feng GS. The Shp-2 tyrosine phosphatase has opposite effects in mediating the activation of extracellular signal-regulated and c-Jun NH2-terminal mitogen-activated protein kinases. J Biol Chem 1998; 273 (9): 4904-8.
(463) Shimizu Y, Ashman LK, Du Z, Schwartz LB. Internalization of Kit together with stem cell factor on human fetal liver-derived mast cells: new protein and RNA synthesis are required for reappearance of Kit. J Immunol 1996; 156 (9): 3443-9.
(464) Shivakrupa R, Linnekin D. Lyn contributes to regulation of multiple Kit-dependent signaling pathways in murine bone marrow mast cells. Cell Signal 2005; 17 (1): 103-9.

(465) Sihto H, Sarlomo-Rikala M, Tynninen O, Tanner M, Andersson LC, Franssila K et al. KIT and platelet-derived growth factor receptor alpha tyrosine kinase gene mutations and KIT amplifications in human solid tumors. J Clin Oncol 2005; 23 (1): 49-57.
(466) Sillaber C, Strobl H, Bevec D, Ashman LK, Butterfield JH, Lechner K et al. IL-4 regulates c-kit proto-oncogene product expression in human mast and myeloid progenitor cells. J Immunol 1991; 147 (12): 4224-8.
(467) Singer S, Rubin BP, Lux ML, Chen CJ, Demetri GD, Fletcher CD et al. Prognostic value of KIT mutation type, mitotic activity, and histologic subtype in gastrointestinal stromal tumors. J Clin Oncol 2002; 20 (18): 3898-905.
(468) Sircar K, Hewlett BR, Huizinga JD, Chorneyko K, Berezin I, Riddell RH. Interstitial cells of Cajal as precursors of gastrointestinal stromal tumors. Am J Surg Pathol 1999; 23 (4): 377-89.
(469) Sleijfer S, Wiemer E, Seynaeve C, Verweij J. Improved insight into resistance mechanisms to imatinib in gastrointestinal stromal tumors: a basis for novel approaches and individualization of treatment. Oncologist 2007; 12 (6): 719-26.
(470) Solomon E, Borrow J, Goddard AD. Chromosome aberrations and cancer. SCIENCE 1991; 254 (5035): 1153-60.
(471) Sommer G, Agosti V, Ehlers I, Rossi F, Corbacioglu S, Farkas J et al. Gastrointestinal stromal tumors in a mouse model by targeted mutation of the Kit receptor tyrosine kinase. Proc Natl Acad Sci U S A 2003; 100 (11): 6706-11.
(472) Southwell BR. Localization of protein kinase C theta immunoreactivity to interstitial cells of Cajal in guinea-pig gastrointestinal tract. Neurogastroenterol Motil 2003; 15 (2): 139-47.
(473) Spatz A, Bressac-de-Paillerets B, Raymond E. Soft tissue sarcomas. Case 3. Gastrointestinal stromal tumor and Carney's triad. J Clin Oncol 2004; 22 (10): 2029-31.
(474) Spritz RA, Droetto S, Fukushima Y. Deletion of the KIT and PDGFRA genes in a patient with piebaldism. Am J Med Genet 1992; 44 (4): 492-5.
(475) Spritz RA, Giebel LB, Holmes SA. Dominant negative and loss of function mutations of the c-kit (mast/stem cell growth factor receptor) proto-oncogene in human piebaldism. Am J Hum Genet 1992; 50 (2): 261-9.
(476) Stahtea XN, Roussidis AE, Kanakis I, Tzanakakis GN, Chalkiadakis G, Mavroudis D et al. Imatinib inhibits colorectal cancer cell growth and suppresses stromal-induced growth stimulation, MT1-MMP expression and pro-MMP2 activation. Int J Cancer 2007; 121 (12): 2808-14.
(477) Steigen SE, Bjerkehagen B, Haugland HK, Nordrum IS, Loberg EM, Isaksen V et al. Diagnostic and prognostic markers for gastrointestinal stromal tumors in Norway. Mod Pathol 2007; 21 (1): 46-53.
(478) Steigen SE, Eide TJ, Wasag B, Lasota J, Miettinen M. Mutations in gastrointestinal stromal tumors--a population-based study from Northern Norway. APMIS 2007; 115 (4): 289-98.
(479) Steinert DM, Oyarzo M, Wang X, Choi H, Thall PF, Medeiros LJ et al. Expression of Bcl-2 in gastrointestinal stromal tumors: correlation with progression-free survival in 81 patients treated with imatinib mesylate. Cancer 2006; 106 (7): 1617-23.
(480) Stewart DR, Corless CL, Rubin BP, Heinrich MC, Messiaen LM, Kessler LJ et al. Mitotic recombination as evidence of alternative pathogenesis of gastrointestinal stromal tumours in neurofibromatosis type 1. J Med Genet 2007; 44 (1): e61.
(481) Stros M, Ozaki T, Bacikova A, Kageyama H, Nakagawara A. HMGB1 and HMGB2 cell-specifically down-regulate the p53- and p73-dependent sequence-specific transactivation from the human Bax gene promoter. J Biol Chem 2002; 277 (9): 7157-64.
(482) Subramanian S, West RB, Corless CL, Ou W, Rubin BP, Chu KM et al. Gastrointestinal stromal tumors (GISTs) with KIT and PDGFRA mutations have distinct gene expression profiles. Oncogene 2004; 23 (47): 7780-90.

(483) Sun J, Pedersen M, Bengtsson S, Ronnstrand L. Grb2 mediates negative regulation of stem cell factor receptor/c-Kit signaling by recruitment of Cbl. Exp Cell Res 2007; 313 (18): 3935-42.
(484) Tabone S, Theou N, Wozniak A, Saffroy R, Deville L, Julie C et al. KIT overexpression and amplification in gastrointestinal stromal tumors (GISTs). Biochim Biophys Acta 2005; 1741 (1-2): 165-72.
(485) Taguchi A, Blood DC, del Toro G, Canet A, Lee DC, Qu W et al. Blockade of RAGE-amphoterin signalling suppresses tumour growth and metastases. NATURE 2000; 405 (6784): 354-60.
(486) Tajima Y, Huang EJ, Vosseller K, Ono M, Moore MA, Besmer P. Role of dimerization of the membrane-associated growth factor kit ligand in juxtacrine signaling: the Sl17H mutation affects dimerization and stability-phenotypes in hematopoiesis. J Exp Med 1998; 187 (9): 1451-61.
(487) Takahashi R, Tanaka S, Kitadai Y, Sumii M, Yoshihara M, Haruma K et al. Expression of vascular endothelial growth factor and angiogenesis in gastrointestinal stromal tumor of the stomach. Oncology 2003; 64 (3): 266-74.
(488) Takaoka A, Toyota M, Hinoda Y, Itoh F, Mita H, Kakiuchi H et al. Expression and identification of aberrant c-kit transcripts in human cancer cells. Cancer Lett 1997; 115 (2): 257-61.
(489) Takazawa Y, Sakurai S, Sakuma Y, Ikeda T, Yamaguchi J, Hashizume Y et al. Gastrointestinal stromal tumors of neurofibromatosis type I (von Recklinghausen's disease). Am J Surg Pathol 2005; 29 (6): 755-63.
(490) Takeyama H, Funahashi H, Sawai H, Takahashi H, Yamamotorm M, Akamo Y et al. Expression of alpha6 integrin subunit is associated with malignancy in gastric gastrointestinal stromal tumors. Med Sci Monit 2007; 13 (2): CR51-CR56.
(491) Tamborini E, Bonadiman L, Greco A, Albertini V, Negri T, Gronchi A et al. A new mutation in the KIT ATP pocket causes acquired resistance to imatinib in a gastrointestinal stromal tumor patient. Gastroenterology 2004; 127 (1): 294-9.
(492) Tamborini E, Pricl S, Negri T, Lagonigro MS, Miselli F, Greco A et al. Functional analyses and molecular modeling of two c-Kit mutations responsible for imatinib secondary resistance in GIST patients. Oncogene 2006; 25 (45): 6140-6.
(493) Tang B, Mano H, Yi T, Ihle JN. Tec kinase associates with c-kit and is tyrosine phosphorylated and activated following stem cell factor binding. Mol Cell Biol 1994; 14 (12): 8432-7.
(494) Taniguchi M, Nishida T, Hirota S, Isozaki K, Ito T, Nomura T et al. Effect of c-kit mutation on prognosis of gastrointestinal stromal tumors. Cancer Res 1999; 59 (17): 4297-300.
(495) Taniguchi S, Dai CH, Price JO, Krantz SB. Interferon gamma downregulates stem cell factor and erythropoietin receptors but not insulin-like growth factor-I receptors in human erythroid colony-forming cells. Blood 1997; 90 (6): 2244-52.
(496) Taniguchi Y, London R, Schinkmann K, Jiang S, Avraham H. The receptor protein tyrosine phosphatase, PTP-RO, is upregulated during megakaryocyte differentiation and Is associated with the c-Kit receptor. Blood 1999; 94 (2): 539-49.
(497) Tarn C, Merkel E, Canutescu AA, Shen W, Skorobogatko Y, Heslin MJ et al. Analysis of KIT mutations in sporadic and familial gastrointestinal stromal tumors: therapeutic implications through protein modeling. Clin Cancer Res 2005; 11 (10): 3668-77.
(498) Tarn C, Skorobogatko YV, Taguchi T, Eisenberg B, von MM, Godwin AK. Therapeutic effect of imatinib in gastrointestinal stromal tumors: AKT signaling dependent and independent mechanisms. Cancer Res 2006; 66 (10): 5477-86.
(499) Tauchi T, Feng GS, Marshall MS, Shen R, Mantel C, Pawson T et al. The ubiquitously expressed Syp phosphatase interacts with c-kit and Grb2 in hematopoietic cells. J Biol Chem 1994; 269 (40): 25206-11.
(500) Taylor ML, Metcalfe DD. Kit signal transduction. Hematol Oncol Clin North Am 2000; 14 (3): 517-35.

(501) Theou N, Gil S, Devocelle A, Julie C, Lavergne-Slove A, Beauchet A et al. Multidrug resistance proteins in gastrointestinal stromal tumors: site-dependent expression and initial response to imatinib. Clin Cancer Res 2005; 11 (21): 7593-8.

(502) Theou N, Tabone S, Saffroy R, Le Cesne A, Julie C, Cortez A et al. High expression of both mutant and wild-type alleles of c-kit in gastrointestinal stromal tumors. Biochim Biophys Acta 2004; 1688 (3): 250-6.

(503) Théou-Anton, N. Etude de l'expression, de l'activation et des voies de signalisation du récepteur KIT dans les GIST. 2006. 1-156.
Thèse : Doctorat. Université paris XI

(504) Theou-Anton N, Tabone S, Brouty-Boye D, Saffroy R, Ronnstrand L, Lemoine A et al. Co expression of SCF and KIT in gastrointestinal stromal tumours (GISTs) suggests an autocrine/paracrine mechanism. Br J Cancer 2006; 94 (8): 1180-5.

(505) Thien CB, Langdon WY. Negative regulation of PTK signalling by Cbl proteins. Growth Factors 2005; 23 (2): 161-7.

(506) Thommes K, Lennartsson J, Carlberg M, Ronnstrand L. Identification of Tyr-703 and Tyr-936 as the primary association sites for Grb2 and Grb7 in the c-Kit/stem cell factor receptor. Biochem J 1999; 341 (Pt 1): 211-6.

(507) Timokhina I, Kissel H, Stella G, Besmer P. Kit signaling through PI 3-kinase and Src kinase pathways: an essential role for Rac1 and JNK activation in mast cell proliferation. EMBO J 1998; 17 (21): 6250-62.

(508) Toquet C, Le Neel JC, Guillou L, Renaudin K, Hamy A, Heymann MF et al. Elevated (> or = 10%) MIB-1 proliferative index correlates with poor outcome in gastric stromal tumor patients: a study of 35 cases. Dig Dis Sci 2002; 47 (10): 2247-53.

(509) Tornillo L, Terracciano LM. An update on molecular genetics of gastrointestinal stromal tumours. J Clin Pathol 2006; 59 (6): 557-63.

(510) Toyota M, Hinoda Y, Itoh F, Takaoka A, Imai K, Yachi A. Complementary DNA cloning and characterization of truncated form of c-kit in human colon carcinoma cells. Cancer Res 1994; 54 (1): 272-5.

(511) Tran T, Davila JA, El-Serag HB. The epidemiology of malignant gastrointestinal stromal tumors: an analysis of 1,458 cases from 1992 to 2000. Am J Gastroenterol 2005; 100 (1): 162-8.

(512) Treff NR, Dement GA, Adair JE, Britt RL, Nie R, Shima JE et al. Human KIT ligand promoter is positively regulated by HMGA1 in breast and ovarian cancer cells. Oncogene 2004; 23 (52): 8557-62.

(513) Trent JC, Benjamin RS. New developments in gastrointestinal stromal tumor. Curr Opin Oncol 2006; 18 (4): 386-95.

(514) Tryggvason G, Gislason HG, Magnusson MK, Jonasson JG. Gastrointestinal stromal tumors in Iceland, 1990-2003: the icelandic GIST study, a population-based incidence and pathologic risk stratification study. Int J Cancer 2005; 117 (2): 289-93.

(515) Tsujimura T, Kanakura Y, Kitamura Y. Mechanisms of constitutive activation of c-kit receptor tyrosine kinase. Leukemia 1997; 11 (Suppl 3): 396-8.

(516) Tsujimura T, Morii E, Nozaki M, Hashimoto K, Moriyama Y, Takebayashi K et al. Involvement of transcription factor encoded by the mi locus in the expression of c-kit receptor tyrosine kinase in cultured mast cells of mice. Blood 1996; 88 (4): 1225-33.

(517) Tsujimura T, Morimoto M, Hashimoto K, Moriyama H, Kitayama S, Matsuzawa Y et al. Constitutive activation of c-kit in FMA3 murine mastocytoma cells caused by deletion of seven amino acids at the juxtamembrane domain. Blood 1996; 87 (1): 273-83.

(518) Tsuzuki T, Hara K, Takahashi E, Maeda N. Wilm's tumor gene protein (WT-1) and Calretinin (Cal) immunoreactivity in gastrointestinal stromal tumor (GIST). Mod Pathol 2005; 18 (Suppl. 1): 121A.

(519) Tuveson DA, Willis NA, Jacks T, Griffin JD, Singer S, Fletcher CD et al. STI571 inactivation of the gastrointestinal stromal tumor c-KIT oncoprotein: biological and clinical implications. Oncogene 2001; 20 (36): 5054-8.

(520) Tzen CY, Wang MN, Mau BL. Spectrum and prognostication of KIT and PDGFRA mutation in gastrointestinal stromal tumors. Eur J Surg Oncol. In press 2007
(521) Ullrich A, Coussens L, Hayflick JS, Dull TJ, Gray A, Tam AW et al. Human epidermal growth factor receptor cDNA sequence and aberrant expression of the amplified gene in A431 epidermoid carcinoma cells. NATURE 1984; 309 (5967): 418-25.
(522) van de RM, Hendrickson MR, Rouse RV. CD34 expression by gastrointestinal tract stromal tumors. Hum Pathol 1994; 25 (8): 766-71.
(523) van der Zwan SM, DeMatteo RP. Gastrointestinal stromal tumor: 5 years later. Cancer 2005; 104 (9): 1781-8.
(524) van Dijk TB, van Den AE, Amelsvoort MP, Mano H, Lowenberg B, von LM. Stem cell factor induces phosphatidylinositol 3'-kinase-dependent Lyn/Tec/Dok-1 complex formation in hematopoietic cells. Blood 2000; 96 (10): 3406-13.
(525) Van Glabbeke M., Verweij J, Casali PG, Simes J, Le CA, Reichardt P et al. Predicting toxicities for patients with advanced gastrointestinal stromal tumours treated with imatinib: a study of the European Organisation for Research and Treatment of Cancer, the Italian Sarcoma Group, and the Australasian Gastro-Intestinal Trials Group (EORTC-ISG-AGITG). Eur J Cancer 2006; 42 (14): 2277-85.
(526) Van Glabbeke, M, Owzar, K, Rankin, C, Simes, J., Crowley, J, and GIST Meta-analysis Group (MetaGIST). Comparison of two doses of imatinib for the treatment of unresectable or metastatic gastrointestinal stromal tumors (GIST): A meta-analysis based on 1,640 patients (pts). In 2007 ASCO Annual Meeting Proceedings Part I. J Clin.Oncol. 2007; 25 (18S): abstract 10004.
(527) Van Glabbeke, M, Verweij, J., Casali, P. G., Zalcberg, J., Le Cesne, A., Reichardt, P. et al. Prognostic factors of toxicity and efficacy in patients with gastro-intestinal stromal tumors (GIST) treated with imatinib: A study of the EORTC-STBSG, ISG and AGITG. In 2003 ASCO Annual Meeting. Proc Am Soc Clin Oncol 2003; 22 abstract 3286.
(528) van Oosterom AT, Judson I, Verweij J, Stroobants S, Donato dP, Dimitrijevic S et al. Safety and efficacy of imatinib (STI571) in metastatic gastrointestinal stromal tumours: a phase I study. Lancet 2001; 358 (9291): 1421-3.
(529) Vandenbark GR, Chen Y, Friday E, Pavlik K, Anthony B, deCastro C et al. Complex regulation of human c-kit transcription by promoter repressors, activators, and specific myb elements. Cell Growth Differ 1996; 7 (10): 1383-92.
(530) Vandenbark GR, deCastro CM, Taylor H, Dew-Knight S, Kaufman RE. Cloning and structural analysis of the human c-kit gene. Oncogene 1992; 7 (7): 1259-66.
(531) Vanderwinden JM, Wang D, Paternotte N, Mignon S, Isozaki K, Erneux C. Differences in signaling pathways and expression level of the phosphoinositide phosphatase SHIP1 between two oncogenic mutants of the receptor tyrosine kinase KIT. Cell Signal 2006; 18 (5): 661-9.
(532) Vasudevan S, Tong Y, Steitz JA. Switching from repression to activation: microRNAs can up-regulate translation. SCIENCE 2007; 318 (5858): 1931-4.
(533) Verweij J, Casali PG, Zalcberg J, LeCesne A, Reichardt P, Blay JY et al. Progression-free survival in gastrointestinal stromal tumours with high-dose imatinib: randomised trial. Lancet 2004; 364 (9440): 1127-34.
(534) Villalba M, Bushway P, Altman A. Protein kinase C-theta mediates a selective T cell survival signal via phosphorylation of BAD. J Immunol 2001; 166 (10): 5955-63.
(535) Vliagoftis H, Worobec AS, Metcalfe DD. The protooncogene c-kit and c-kit ligand in human disease. J Allergy Clin Immunol 1997; 100 (4): 435-40.
(536) Vosseller K, Stella G, Yee NS, Besmer P. c-kit receptor signaling through its phosphatidylinositide-3'-kinase-binding site and protein kinase C: role in mast cell enhancement of degranulation, adhesion, and membrane ruffling. Mol Biol Cell 1997; 8 (5): 909-22.
(537) Voytyuk O, Lennartsson J, Mogi A, Caruana G, Courtneidge S, Ashman LK et al. Src family kinases are involved in the differential signaling from two splice forms of c-Kit. J Biol Chem 2003; 278 (11): 9159-66.

(538) Walsh NM, Bodurtha A. Auerbach's myenteric plexus. A possible site of origin for gastrointestinal stromal tumors in von Recklinghausen's neurofibromatosis. Arch Pathol Lab Med 1990; 114 (5): 522-5.
(539) Wang H, Bloom O, Zhang M, Vishnubhakat JM, Ombrellino M, Che J et al. HMG-1 as a late mediator of endotoxin lethality in mice. SCIENCE 1999; 285 (5425): 248-51.
(540) Wang L, Vargas H, French SW. Cellular origin of gastrointestinal stromal tumors: a study of 27 cases. Arch Pathol Lab Med 2000; 124 (10): 1471-5.
(541) Wardelmann E, Buttner R, Merkelbach-Bruse S, Schildhaus HU. Mutation analysis of gastrointestinal stromal tumors: increasing significance for risk assessment and effective targeted therapy. Virchows Arch 2007; 451 (4): 743-9.
(542) Wardelmann E, Hrychyk A, Merkelbach-Bruse S, Pauls K, Goldstein J, Hohenberger P et al. Association of platelet-derived growth factor receptor alpha mutations with gastric primary site and epithelioid or mixed cell morphology in gastrointestinal stromal tumors. J Mol Diagn 2004; 6 (3): 197-204.
(543) Wardelmann E, Losen I, Hans V, Neidt I, Speidel N, Bierhoff E et al. Deletion of Trp-557 and Lys-558 in the juxtamembrane domain of the c-kit protooncogene is associated with metastatic behavior of gastrointestinal stromal tumors. Int J Cancer 2003; 106 (6): 887-95.
(544) Wardelmann E, Merkelbach-Bruse S, Pauls K, Thomas N, Schildhaus HU, Heinicke T et al. Polyclonal evolution of multiple secondary KIT mutations in gastrointestinal stromal tumors under treatment with imatinib mesylate. Clin Cancer Res 2006; 12 (6): 1743-9.
(545) Wardelmann E, Neidt I, Bierhoff E, Speidel N, Manegold C, Fischer HP et al. c-kit mutations in gastrointestinal stromal tumors occur preferentially in the spindle rather than in the epithelioid cell variant. Mod Pathol 2002; 15 (2): 125-36.
(546) Wardelmann E, Thomas N, Merkelbach-Bruse S, Pauls K, Speidel N, Buttner R et al. Acquired resistance to imatinib in gastrointestinal stromal tumours caused by multiple KIT mutations. Lancet Oncol 2005; 6 (4): 249-51.
(547) Wasag B, biec-Rychter M, Pauwels P, Stul M, Vranckx H, Oosterom AV et al. Differential expression of KIT/PDGFRA mutant isoforms in epithelioid and mixed variants of gastrointestinal stromal tumors depends predominantly on the tumor site. Mod Pathol 2004; 17 (8): 889-94.
(548) Weiler SR, Mou S, DeBerry CS, Keller JR, Ruscetti FW, Ferris DK et al. JAK2 is associated with the c-kit proto-oncogene product and is phosphorylated in response to stem cell factor. Blood 1996; 87 (9): 3688-93.
(549) Weisberg E, Wright RD, Jiang J, Ray A, Moreno D, Manley PW et al. Effects of PKC412, nilotinib, and imatinib against GIST-associated PDGFRA mutants with differential imatinib sensitivity. Gastroenterology 2006; 131 (6): 1734-42.
(550) Welham MJ, Schrader JW. Modulation of c-kit mRNA and protein by hemopoietic growth factors. Mol Cell Biol 1991; 11 (5): 2901-4.
(551) Went PT, Dirnhofer S, Bundi M, Mirlacher M, Schraml P, Mangialaio S et al. Prevalence of KIT expression in human tumors. J Clin Oncol 2004; 22 (22): 4514-22.
(552) West RB, Corless CL, Chen X, Rubin BP, Subramanian S, Montgomery K et al. The novel marker, DOG1, is expressed ubiquitously in gastrointestinal stromal tumors irrespective of KIT or PDGFRA mutation status. Am J Pathol 2004; 165 (1): 107-13.
(553) Weston CR, Lambright DG, Davis RJ. Signal transduction. MAP kinase signaling specificity. SCIENCE 2002; 296 (5577): 2345-7.
(554) Wilde JI, Watson SP. Regulation of phospholipase C gamma isoforms in haematopoietic cells: why one, not the other? Cell Signal 2001; 13 (10): 691-701.
(555) Williams DE, Eisenman J, Baird A, Rauch C, Van Ness K, March CJ et al. Identification of a ligand for the c-kit proto-oncogene. Cell 1990; 63 (1): 167-74.
(556) Williams RL. Mammalian phosphoinositide-specific phospholipase C. Biochim Biophys Acta 1999; 1441 (2-3): 255-67.

(557) Willmore C, Holden JA, Zhou L, Tripp S, Wittwer CT, Layfield LJ. Detection of c-kit-activating mutations in gastrointestinal stromal tumors by high-resolution amplicon melting analysis. Am J Clin Pathol 2004; 122 (2): 206-16.
(558) Wisniewski D, Strife A, Clarkson B. c-kit ligand stimulates tyrosine phosphorylation of the c-Cbl protein in human hematopoietic cells. Leukemia 1996; 10 (9): 1436-42.
(559) Wollberg P, Lennartsson J, Gottfridsson E, Yoshimura A, Ronnstrand L. The adapter protein APS associates with the multifunctional docking sites Tyr-568 and Tyr-936 in c-Kit. Biochem J 2003; 370 (Pt 3): 1033-8.
(560) Wong NA, Young R, Malcomson RD, Nayar AG, Jamieson LA, Save VE et al. Prognostic indicators for gastrointestinal stromal tumours: a clinicopathological and immunohistochemical study of 108 resected cases of the stomach. Histopathology 2003; 43 (2): 118-26.
(561) Wozniak A, Sciot R, Guillou L, Pauwels P, Wasag B, Stul M et al. Array CGH analysis in primary gastrointestinal stromal tumors: cytogenetic profile correlates with anatomic site and tumor aggressiveness, irrespective of mutational status. Genes Chromosomes Cancer 2007; 46 (3): 261-76.
(562) Xiang Z, Kreisel F, Cain J, Colson A, Tomasson MH. Neoplasia driven by mutant c-KIT is mediated by intracellular, not plasma membrane, receptor signaling. Mol Cell Biol 2007; 27 (1): 267-82.
(563) Yamaguchi M, Tate G, Endo Y, Miyaki M. Immunohistochemistry and c-kit gene analysis in determining malignancy in gastrointestinal stromal tumors. Hepatogastroenterology 2003; 50 (53): 1431-5.
(564) Yamamoto H, Oda Y, Kawaguchi K, Nakamura N, Takahira T, Tamiya S et al. c-kit and PDGFRA mutations in extragastrointestinal stromal tumor (gastrointestinal stromal tumor of the soft tissue). Am J Surg Pathol 2004; 28 (4): 479-88.
(565) Yamamoto K, Tojo A, Aoki N, Shibuya M. Characterization of the promoter region of the human c-kit proto-oncogene. Jpn J Cancer Res 1993; 84 (11): 1136-44.
(566) Yamashita K, Igarashi H, Kitayama Y, Ozawa T, Kiyose S, Konno H et al. Chromosomal numerical abnormality profiles of gastrointestinal stromal tumors. Jpn J Clin Oncol 2006; 36 (2): 85-92.
(567) Yantiss RK, Rosenberg AE, Sarran L, Besmer P, Antonescu CR. Multiple gastrointestinal stromal tumors in type I neurofibromatosis: a pathologic and molecular study. Mod Pathol 2005; 18 (4): 475-84.
(568) Yantiss RK, Rosenberg AE, Selig MK, Nielsen GP. Gastrointestinal stromal tumors: an ultrastructural study. Int J Surg Pathol 2002; 10 (2): 101-13.
(569) Yarden Y, Escobedo JA, Kuang WJ, Yang-Feng TL, Daniel TO, Tremble PM et al. Structure of the receptor for platelet-derived growth factor helps define a family of closely related growth factor receptors. NATURE 1986; 323 (6085): 226-32.
(570) Yarden Y, Kuang WJ, Yang-Feng T, Coussens L, Munemitsu S, Dull TJ et al. Human proto-oncogene c-kit: a new cell surface receptor tyrosine kinase for an unidentified ligand. EMBO J 1987; 6 (11): 3341-51.
(571) Yasuda H, Galli SJ, Geissler EN. Cloning and functional analysis of the mouse c-kit promoter. Biochem Biophys Res Commun 1993; 191 (3): 893-901.
(572) Yee NS, Hsiau CW, Serve H, Vosseller K, Besmer P. Mechanism of down-regulation of c-kit receptor. Roles of receptor tyrosine kinase, phosphatidylinositol 3'-kinase, and protein kinase C. J Biol Chem 1994; 269 (50): 31991-8.
(573) Yee NS, Langen H, Besmer P. Mechanism of kit ligand, phorbol ester, and calcium-induced down-regulation of c-kit receptors in mast cells. J Biol Chem 1993; 268 (19): 14189-201.
(574) Yeh CN, Chen TW, Jan YY. Sporadic somatic mutation of c-kit gene in a family with gastrointestinal stromal tumors without cutaneous hyperpigmentation. World J Gastroenterol 2006; 12 (11): 1813-5.
(575) Young HM, Ciampoli D, Southwell BR, Newgreen DF. Origin of interstitial cells of Cajal in the mouse intestine. Dev Biol 1996; 180 (1): 97-107.

(576) Young SM, Cambareri AC, Odell A, Geary SM, Ashman LK. Early myeloid cells expressing c-KIT isoforms differ in signal transduction, survival and chemotactic responses to Stem Cell Factor. Cell Signal 2007; 19 (12): 2572-81.
(577) Yuzawa S, Opatowsky Y, Zhang Z, Mandiyan V, Lax I, Schlessinger J. Structural basis for activation of the receptor tyrosine kinase KIT by stem cell factor. Cell 2007; 130 (2): 323-34.
(578) Zalcberg JR, Verweij J, Casali PG, Le CA, Reichardt P, Blay JY et al. Outcome of patients with advanced gastro-intestinal stromal tumours crossing over to a daily imatinib dose of 800 mg after progression on 400 mg. Eur J Cancer 2005; 41 (12): 1751-7.
(579) Zeng S, Xu Z, Lipkowitz S, Longley JB. Regulation of stem cell factor receptor signaling by Cbl family proteins (Cbl-b/c-Cbl). Blood 2005; 105 (1): 226-32.
(580) Zhang YY, Vik TA, Ryder JW, Srour EF, Jacks T, Shannon K et al. Nf1 regulates hematopoietic progenitor cell growth and ras signaling in response to multiple cytokines. J Exp Med 1998; 187 (11): 1893-902.
(581) Zhang Z, Zhang R, Joachimiak A, Schlessinger J, Kong XP. Crystal structure of human stem cell factor: implication for stem cell factor receptor dimerization and activation. Proc Natl Acad Sci U S A 2000; 97 (14): 7732-7.
(582) Zheng R, Klang K, Gorin NC, Small D. Lack of KIT or FMS internal tandem duplications but co-expression with ligands in AML. Leuk Res 2004; 28 (2): 121-6.
(583) Zhou G, Bao ZQ, Dixon JE. Components of a new human protein kinase signal transduction pathway. J Biol Chem 1995; 270 (21): 12665-9.
(584) Zhu MJ, Ou WB, Fletcher CD, Cohen PS, Demetri GD, Fletcher JA. KIT oncoprotein interactions in gastrointestinal stromal tumors: therapeutic relevance. Oncogene 2007; 26 (44): 6386-95.
(585) Zoller ME, Rembeck B, Oden A, Samuelsson M, Angervall L. Malignant and benign tumors in patients with neurofibromatosis type 1 in a defined Swedish population. Cancer 1997; 79 (11): 2125-31.
(586) Zsebo KM, Williams DA, Geissler EN, Broudy VC, Martin FH, Atkins HL et al. Stem cell factor is encoded at the Sl locus of the mouse and is the ligand for the c-kit tyrosine kinase receptor. Cell 1990; 63 (1): 213-24.
(587) Zsebo KM, Wypych J, McNiece IK, Lu HS, Smith KA, Karkare SB et al. Identification, purification, and biological characterization of hematopoietic stem cell factor from buffalo rat liver--conditioned medium. Cell 1990; 63 (1): 195-201.

Oui, je veux morebooks!

I want morebooks!

Buy your books fast and straightforward online - at one of the world's fastest growing online book stores! Environmentally sound due to Print-on-Demand technologies.

Buy your books online at
www.get-morebooks.com

Achetez vos livres en ligne, vite et bien, sur l'une des librairies en ligne les plus performantes au monde!
En protégeant nos ressources et notre environnement grâce à l'impression à la demande.

La librairie en ligne pour acheter plus vite
www.morebooks.fr

OmniScriptum Marketing DEU GmbH
Heinrich-Böcking-Str. 6-8
D - 66121 Saarbrücken

Telefax: +49 681 93 81 567-9

info@omniscriptum.de
www.omniscriptum.de

Printed by Books on Demand GmbH, Norderstedt / Germany